東京陸軍幼年学校の生徒たち。幼年学校、陸軍士官学校、陸軍大学校という道が、一般的な陸軍におけるエリートコースであった。陸軍の計画人事は海軍とくらべてもより精緻に行なわれ、士官学校卒業時の科別、軍政系か軍令系かなど、多くの複雑な要素がからみあって個々の将来に影響した。

(上)陸軍士官学校。(中)恩賜の軍刀を授かった陸大43期の成績優秀者たち。(下)天保銭と呼ばれた陸大の卒業徽章。必ずしも、陸大での期が先なので序列が上ということはなく、成績がより重視された。

NF文庫
ノンフィクション

新装版
陸軍人事

その無策が日本を亡国の淵に追いつめた

藤井非三四

潮書房光人新社

はじめに

「人事はひとごと、他人事」とよく耳にする。上司が誰になろうとも、回されてきた部下がどんな人であっても、そんなことには関係なく、あてがわれた部下と持ち場で最善をつくすという殊勝な心掛けが込められたフレーズだと思いたい。また、人事は単なる巡り合わせ、あれこれ気に病んでも仕方がないという諦観のあらわれだとしても、そういう姿勢は組織の人として大事なことだ。

では、誰もが人事に無関心かと思えば、とんでもない。それなりの規模の組織となると、人事ほど興味をそそる話柄はない。我が事のようにトップの異動を占っているのを聞いていると、あなたの立場でそんなことを考えても、そう意味がないのではないかと水を差したくなるが、ついその話に引き込まれる自分がいる。やはりヒトは、社会的な動物なのだなとの思いを深くする。

それほどまでに人の目が集まるとなると、人事は常に中立公正、その組織のためになるはずだ。ところが、どうもそうではないようだ。日本が抱えた最大の組織、帝国陸軍における人事は、どうだったのか。
「あの人に仕えて参った。あの人の下だけは勘弁して欲しいと思っていたが、それから三度も上司はあの人だった」と、ある軍人の嘆き節を聞かされたことがある。そこからその上司の棚卸しが始まると思いきや、そうではなかった。「要するに人事をやる連中は、人の意欲を殺ぐようなことばかりする」と刃は人事当局者に向かう。ほんの一例にしろ、こんな声が部外者の耳にまで入るということは、誰もが納得する人事が行なわれていなかった証左だろう。

海軍も含めて旧軍では、「人事は統率の根源」とまで強調されていた。では、その人事管理はどのような原則で律せられていたのか。ごく平凡な人の軍歴を見れば、年功主義だったことが分かる。中央官衙に勤務する者や高級指揮官といったエリートは、年功主義に加えて学歴主義の部分が重視されていることは明白だ。陸軍大学校に行ったかどうかが決定的なのだから、学歴主義というよりは学校主義というのが、その実態をよく表わしている。

このぬるま湯的なものに傾きがちな年功主義と、出身校重視の学歴主義とが、日本をして亡国の淵に追い込み、そしてそれは今日なお問題だとされている。では、どうするべきなのか。永続性が強く求められる組織は、どうしても終身雇用となり、かつ大規模な組織では、まず年功序列、そこに競争試験による学歴、資格を加味するほかに人事を組み立てる方法がないはずだ。ヒエラルキーを構築しなければ、組織に生命を吹き込めないのだから、この二つを基準にして序列を付けるほかない。

ただ、軍隊の場合、平時と戦時のめりはりを付ける必要はあるだろうし、それを付けることは可能だ。毎日が何事もなく自転する平時ならば、単なる年功で昇進、異動させることだけでも組織は円滑に運営されるだろうし、その劣化も防げるだろう。ところが戦時になれば、人的戦力の損耗に対する補充という問題が深刻となり、それを解決しない限り戦争を続けることはできない。従って平時とは違った人事施策が求められるわけだ。日本は支那事変から八年間も戦時体制にあった。これほど長期間の戦争に対応できる人事管理の手法が見い出せないまま敗戦に至ったといえよう。

また、戦時になると冷酷なまでに評価を下せるだけの材料が得られる。すなわち戦闘、作戦の結果だ。これを無視して平時のままの人事管理をしていては、なんども同じ誤りを重ね、個人の意欲を殺ぐことになりかねない。

支那事変から大東亜戦争を通じて、誰もがこの問題を是正しなければと思いつつも、どうにもならなかったのが実情だろう。なぜかといえば、人事とはなにかという根源的な問題を理解し、それを全体で共有していなかったからだ。

さらなる問題は、人的資源の管理運営について平時の感覚でとらえていたから、適正な人事が行なわれなかったとも考えられる。あれほど精緻な動員体制を整備し、「帝国国防方針」で所要の戦略単位数を提示しておきながら、管理運営できないまま組織を肥大させてしまうとはどういうことだったのか。そこに日本の敗因のひとつを見る思いがする。

そしてまたその無計画さに加え、人事は組織のパワーを十二分に発揮させる手段という認識がなかったところに根本的な問題がある。果たしてその欠陥は旧軍だけのものだったのだろうか。日本の社会そのものが抱えてきた欠陥だという認識の下、話を続けて行きたい。

二〇一三年八月

藤井非三四

陸軍人事——目次

第Ⅲ部　常に問題を抱えた人事

第Ⅳ部　長期計画とドクトリンの欠如

陸軍人事

その無策が日本を亡国の淵に追いつめた

第Ⅰ部

人事施策が成否の鍵

「司令部のメンバーには、少なくとも私の計画や、やり方に共鳴している人物を
必ず配置するように希望する」

アルバート・ウェデマイヤー

日露戦争に向けた「今信玄」の妙手

◆勝利の絵図を描いた甲州人

日清戦争を勝利に導いた立役者は、川上操六だとするのに異論はないはずだ。参謀次長だった川上は、開戦の前年となる明治二十六（一八九三）年四月から七月にかけて、朝鮮半島から華北はもとより、揚子江沿岸地域にまで足を伸ばして現地調査にあたっている。この慎重な姿勢こそが、日清戦争の勝利をもたらしたのだ。

その後、三国干渉で露骨に見られたロシアの動きからして、対露戦は不可避と判断した川上操六は、明治三十年七月からシベリアを視察した。明治三十一年七月に参謀総長に就任した川上は、参謀本部次長（参謀次長から明治三十一年に改称、四十一年に旧に戻る）の大迫尚敏、同第一部長の伊地知幸介と薩州トリオで対露作戦を練り始めた。ところが明治三十二年五月、川上は五三歳で急逝してしまった。

作戦の智嚢、川上操六の衣鉢を継ぐ者は誰か。早くから衆目の一致するところは、田村怡与造だった。薩長閥の全盛期、鹿児島出身の川上と、山梨出身の田村とは奇妙な取り合わせだが、この二人の関係は古い。田村がまだ早川と名乗っていた頃の明治十一年十二月、士官生徒二期（旧二期）として卒業した田村の初任部隊が熊本の歩兵第一三連隊だった。その連隊長が西南戦争で籠城戦をしたばかりの川上操六だったのだ。いわゆる原隊の繋がりといわれるもので、少尉任官時の連隊長との関係は一生ものといわれるが、田村と川上の関係はまさにそれだった。

旧二期からは、井口省吾、長岡外史、仙波太郎らが陸軍大学校一期に進んでいるが、なぜか田村怡与造は陸大には行かず、参謀本部出仕から五年半にも及ぶドイツ留学となった。彼が在欧中の明治十七年、大山陸軍卿外遊一行を迎えた。その随員だった川上操六と旧交を温め、また桂太郎ひいては大山巌の知遇を得ることとなった。心細い旅先で、あれこれ世話をしてもらえば、階級を越えた親近感も生まれる。とにかく外遊一行は、田村のドイツ語と勉強振りには舌を巻いた。どこから手に入れたものか、ドイツ軍の機密文書を翻訳したものを回覧に供したというから驚かれるのも当然だ。

帰国した田村怡与造は、監軍部（明治三十一年一月から教育総監部）参謀兼陸大御用掛となった。ちょうど陸大発足時から教鞭をとっていたクレメンス・メッケル少佐が帰国した頃で、彼に代わって陸大の教育は田村に任せるということだ。ここでの田村の業績を高く評価したのが、陸大校長だった児玉源太郎だ。これで田村は陸軍の元老すべての信頼を得ることになった。

日清開戦に先立つ明治二十七年六月五日、大本営が設置された。まだ少佐だった田村怡与造は、大本営兵站総監部高級参謀に抜擢された。上司の兵站総監は、参謀本部次長を兼ねる川上操六だ。日清戦争時の大本営では、正式の会議は御前会議の形をとった。当時の官位では、少佐は奏任官の三等だが、それが御前会議に列するとは異例なことだった。軍そのものが小さな世帯だったとしても、かなりダイナミックな人事が行なわれていたといえるだろう。

明治二十七年九月一日、山県有朋を司令官とする第一軍が編成された。その司令部の陣容はと見ると、長州閥の御大、山県の下には渡辺章高級副官のほかに山口出身者はいないし、鹿児島県人もいない。あの藩閥の全盛期でも、いざとなると薩長だけではどうしようもなかったのだ。そして第一軍参謀副長には、少佐のまま田村怡与造があてられた。兵站を知る戦争のプロをということで田村副長となったのだが、ヒラの参謀には中佐もいたのだから、かなり思い切った人事だった。

川上操六

第一軍が遼河の河口部に進出した頃、健康を害したとも、大本営と意見が対立したともいわれ、山県有朋は軍司令官を辞任して帰国した。この異動に伴い、田村怡与造は大本営付、次いで第四師団の歩兵第九連隊長となり、日清講和を迎えた。その後、彼は駐ドイツ公使館付武官、参謀本部第二部長を経て、明治三十二年一月に同第一部長、川上操六参謀総長と組んで対露作戦計画の立案にあたることとなった。

ところが、前述したように明治三十二年五月、川上操六が死去し、後任の参謀総長は大山巌となった。また参謀本部次長も三十三年四月に大迫尚敏から寺内正毅に代わる。この流れの中で田村怡与造は、第一部長兼総務部長、総務部長専任となるが、その経過については、次項で見てみたい。

話を進めて明治三十五年三月、児玉源太郎陸相が台湾総督専任となり、後任の陸相は参謀本部次長の寺内正毅となった。この時、陸軍省総務長官（明治三十六年から元の陸軍次官に戻る）の中村雄次郎が予備役に入って製鉄所長官となったため、参謀本部次長と陸軍省総務長官の人事が重なることとなり、そのバランスが難しかった。

どちらの候補も人選に迷うほどいた。中将クラスでは、日清戦争中に第二軍参謀長を務めて第一二師団長の井上光、陸大校長も経験している第九師団長の大島久直が有力だった。少将クラスでは、築城本部長の石本新六、工兵監の上原勇作、義和団事件で北京から帰還したばかりの福島安正の名も上がった。もちろん参謀本部総務部長の田村怡与造、同第一部長の伊地知幸介が有力候補だ。

長州系統は山口出身の井上光を推し、薩州系統は鹿児島出身の伊地知幸介、宮崎出身ながら野津道貫の女婿、上原勇作をとなる。結局、山県有朋、大山巌、桂太郎、児玉源太郎、寺内正毅の五巨頭の合意として、陸軍省総務長官に兵庫出身の石本新六、参謀本部次長に山梨出身の田村怡与造と決定した。薩長閥の時代にもかかわらず、当時の指導者には人材を閥外に求める正しい姿勢があったのだ。

参謀本部次長への栄転、しかも寺内正毅の後任とは名誉なことだが、田村怡与造本人はそれほど喜んではいなかった。山県有朋から人を介して異動内示を受けた田村は、「フーン、ワシとしては次長よりも次官だがね」ともらし、周囲を驚かせたという。彼は軍政の中枢に入り、人事全般を差配して、必勝の陣容を作り上げようと考えていたのだ。あのやかましい寺内陸相の下で、そんな人事はできないと思うが、そこまで考えるのが田村という男なのだ。

◆参謀本部を一新させた強腕

田村怡与造

話は戻り、日清戦争後の明治二十九年五月、参謀本部条例が改正され、第一部（作戦）、第二部（動員）、第三部（情報）、第四部（運輸交通）、編纂部（戦史）となった。翌三十年六月にドイツから帰国した田村怡与造は、この動員を扱う第二部の部員となり、続いて同部長となっている。

さらに明治三十二年一月、参謀本部条例が一部改訂され、総務部、第一部（作戦）、第二部（情報）、第三部（運輸交通）、第四部（戦史）に改組された。それまで第二部が所掌していた編制動員の業務は、軍政系統と密接な連携が求められるので、参謀の人事と共に新設の総務部で扱うこととなった。改組当時の各部長は、総務部から順番に大生定孝、田村怡与造、福島安正、上原勇作、東条英教だった。出身地を見るとこの順に、福井、山梨、長野、宮崎、岩手だ。なお、各部に課が設けられたのは、日露戦争後の明治四十一年十二月以降のこととなる。

明治三十三年四月、教育総監だった寺内正毅が参謀本部次長に転じ、参謀本部の部長人事に手を着けた。その眼目は、参謀本部に色濃く残る川上操六色を一掃することにあった。薩州閥の総帥、大山巖総長の下でそんな人事をやろうとするとは、寺内という人も強引だが、部内を自分の色で染め上げようとするのは当然ともいえる。

その結果、田村怡与造は第一部長から総務部長に回り、後任の第一部長は駐英公使館付武官から帰国した伊地知幸介となった。第二部長の福島安正は留任。第三部長の上原勇作は、反長州の旗幟鮮明なこともあり、第一回ハーグ平和会議の随員に出し、後任は心得という形で大沢界雄をあてた。これまた反長州の東条英教を姫路の歩兵第八旅団長に飛ばし、後任には事務取扱で柴五郎、次いで大島健一とした。意外なことに、ここにも山口出身者はおらず、公平な人事だったとも思える。

しかし、この寺内人事はあとあとまで尾を引くことになる。上原勇作は一年半ほど日本にいなかったために、軍の本流から一時はずれ、日露戦争では第四軍参謀長で出征したものの脇役の感が強い。日露戦争後は旭川の第七師団長、次いで宇都宮の第一四師団長と外回りさせられ、彼の反長州意識は先鋭化した。明治末年、陸相として中央に復帰した上原は、教育総監、参謀総長といわゆる三長官をそうなめにするが、その反長州にこり固まった姿勢は、昭和の陸軍に大きな影を落としている。

東条英教の左遷も妙なところに影響を及ぼした。彼は陸大一期の優等だったが、そのあたりから話が込み入る。姫路の歩兵第八旅団長で日露戦争に出征したものの、その戦場統率にとかく問題があるとされ、留守近衛歩兵第一旅団長、さらに津の歩兵第三〇旅団長と回された揚げ句、名誉進級の中将で後備役編入となった。これが陸大優等に対する扱いかと話題になったが、そのうち忘れられたかに思えた。ところが双方の子息、寺内寿一と東条英機の代にまで引き継がれ、この二人の不仲は大東亜戦争に多少の影響を及ぼした。

さて、参謀本部の中枢、第一部長から一歩引いて総務部長に転じた田村怡与造は、参謀の人事を手にしてこれ幸いと、参謀本部の部員や陸大の教官に、これはという人材を集め始めた。松川敏胤（旧五期、宮城）、由比光衛（旧五期、高知）、鈴木荘六（一期、新潟）、金谷範三（五期、大分）、大竹沢治（七期、新潟）といった作戦屋の「帯」は、田村がその方向を定めたものだ。余談になるが、田村の長女は山梨半造に嫁ぎ、次女は鈴木荘六の紹介で本間雅晴の最初の妻となる。

前項で述べた経緯で明治三十五年四月、参謀本部次長に就任した田村怡与造は、早くもその五月に部長人事を行なった。総務部長の後任は田村と同期の旧二期で静岡出身の井口省吾を軍務局軍事課長からもってきた。キーとなる第一部長は若返って旧五期、宮城出身で駐ドイツ公使館付武官から帰国したばかりの松川敏胤とした。陸大校長は旧三期、兵庫出身で陸大幹事だった藤井茂太の昇格とした。第二部長の福島安正、第三部長の大沢界雄、第四部長の大島健一は留任となった。

これら田村怡与造が意中の人物とする者を参謀本部に集め、まず意思統一を図り、日露開戦となれば、これを各野戦軍の幕僚に配置して、整斉とした作戦を形にするというわけだ。田村の作戦手腕の冴えはもちろんながら、その人事施策は甲州二十四将を自在に操った武田信玄を彷彿とさせる、しかも山梨出身ということで、いつしか彼を〝今信玄〟と呼ぶようになった。

◆ポスト田村を買って出た児玉源太郎

激務がたたったのか、田村怡与造は持病の静脈炎を悪化させ、明治三十六年十月一日に五〇歳で死去してしまった。戦略頭脳を失い、陸軍ばかりか内閣にも衝撃が走り、桂太郎首相が田村邸に駆けつける騒ぎとなった。急ぎ次長事務取扱として福島安正をあてたが、後任人事が大きな問題となった。

田村怡与造が亡くなった時点における少将の序列は、福島安正、伊地知幸介、上原勇作の順となっていた。参謀総長の大山巌の意向としては、福島か伊地知のいずれかを参謀本部次長にするというものだった。序列に沿った常識的な人事だが、日露開戦が差し迫った情勢で、そんな人事で良いのかという声も上がる。福島は歩兵科出身とはいうものの、部隊指揮官の経験が一切ない情報一筋の人だ。伊地知は海外勤務が豊富だが、いかんせん砲兵科出身で、ものの見方が狭いと見られていた。そんな理由からか、枢密院顧問官に退いていた山県有朋は、この二人のどちらかを参謀本部次長にあてることに難色を示した。

大山巌は明治三十二年五月から参謀総長だったから、もうこのへんで下番したいともらしていた。そこで山県有朋に出馬を願って参謀総長として、その下の大次長を乃木希典にするという案まで出た。当時の中将の序列は、侍従武官長の岡沢精、近衛師団長の長谷川好道、第二師団長の西寛次郎となっており、乃木は予備役に下がっていた。ただ、乃木の中将進級は岡沢の次だったから、大次長の資格はある。

山県有朋と乃木希典の長州コンビならば結構なはずだが、山県は参謀総長になること自体、健康を理由に同意しなかった。そうなると大山巌の下番もままならず、トップ人事は袋小路に入ってしまった。そこに「参謀本部次長は自分がやる」と手を上げたのが児玉源太郎だった。この時、児玉は台湾総督兼内務大臣の要職にあった。

親任官を二つも兼ねている者が、勅任官に下がるとは、官僚組織の秩序を崩すものだ。しかし当時は、そういうこともあまり意識されなかったようで、「児玉さんがやってくれれば結構なこと」と落ち着いた。児玉が台湾総督のまま参謀本部次長に就任したのは、明治三十六年十月十二日だった。この時点で大山巌と児玉のコンビが満州に出征し、参謀総長には山県有朋が就くという日露戦争のトップ人事は了解されていたのだろう。

児玉源太郎

ここからは仮定の話になるが、田村怡与造が存命かつ健康が許したならば、どういう展開になっただろうか。彼以上に作戦全般に通じていた者はいなかったし、川上操六との約束を果たすという意味からも、大山巌の女房役となって満州軍総参謀長で出征する覚悟だったはずだ。日露開戦の明治三十七年二月、田村が存命ならば五一歳、児玉源太郎が五三歳だったから、年齢に不足はない。能力からしても、田村は児玉と同じように総参謀長の任務を果たしただろう。

ただ問題は階級だ。児玉源太郎が参謀本部次長に就任した時は中将、満州軍総参謀長になる二週間前に大将に進級している。せめて中将でなければ、各軍の参謀長を統御し、師団長と対等な立場で話ができない。田村怡与造の旧二期で中将進級の一選抜は、日露戦争後の明治三十九年七月で、東京湾要塞司令官の伊地知幸介と東宮武官長を務めていた村木雅美の二人だった。

階級が問題ならば田村を特別進級させて中将にすれば良いと思うが、それができないのが日本軍だった。旧一期の一選抜、木越安綱と石本新六が中将に進級したのは明治三十七年十月だから、これを追い抜いて進級させることができないのが建軍以来の鉄則だった。日本軍はダイナミックな人事ができなかったと評されるが、この前の期の一選抜をうしろの期の一選抜が追い抜けないということがそれを阻んでいたわけだ。

一夕会の布石

◆疑問視された高級人事

大正十（一九二一）年五月、陸軍省新聞班にいた岡村寧次少佐は、第一次世界大戦中の宣伝戦を研究するため、ヨーロッパに派遣されることとなった。この頃、岡村と同期、陸士一六期の永田鉄山はスイス公使館付武官、同じく小畑敏四郎はロシア駐在だったが革命のために入国ができず、ベルリンに止まっていた。一期後輩の東条英機と鴨脚光弘もドイツに駐在していた。

新聞班にいて話題豊富な岡村寧次がくるから、東京の土産話でも聞こうとなって、ドイツ南部の温泉町バーデン・バーデンに集まったのは、大正十年十月末のことだった。初日はいわゆる〝一六期の三羽烏〟と呼ばれる永田鉄山、小畑敏四郎、岡村で、翌日だかに東条英機と鴨脚光弘が加わったという。

軍人が集まって一献入れれば、人事の話になるのはいつものことだ。大正十年八月、田中義一は陸相から軍事参議官に下がっていたが、彼の陸相再登板はあるのか、さらにはポスト田中の高級人事はどうなるのかと話がはずんだはずだ。田中と同期で旧八期の山梨半造と陸相をタライ回しして時間を稼ぎ、陸士（士官候補生制度）一期の宇垣一成につないで、長州閥の延命を図るという構図は、それほどの消息通でなくとも、承知していただろう。実際そうなったし、

岡村寧次

一期の間でも宇垣と白川義則で陸相ポストをタライ回しした。

バーデン・バーデンに集まった一同、「長州の天下が終わるかと思えば、今度はその亜流の時代か」と嘆息しただろう。なかでも東条英機は、前述したように実父の東条英教が閥外の悲哀をなめつくしたことを知っているから、彼が激高する姿が目に浮かぶ。なぜ彼らが人事の問題で興奮するのか。自分の将来に直結することだからだ。陸大を上位で卒業し、海外留学もさせてもらい、エリートコースに乗ったのだから良いではないかと思うが、エリートならではの厳しさがある。それは真崎甚三郎の場合を見るとよく分かる。

大正九年八月の定期異動で真崎甚三郎大佐は、教育総監部第二課長（士官学校、幼年学校、砲工学校を所掌）から軍務局軍事課長に横滑りした。真崎は陸士九期、陸大一九期の恩賜で、明治四十年十一月から同四十四年五月まで軍務局で勤務している。生粋の軍政屋なのだから、軍事課長上番は当然の補職だ。

小畑敏四郎

永田鉄山

ところが、当時の陸軍省の首脳は、佐賀出身の真崎甚三郎を閥外から迷い込んできた者ぐらいに扱った。陸相は田中義一、次官は神奈川出身ながら田中と一心同体の山梨半造、軍務局長は菅野尚一、高級副官は松木直亮と、陸軍省はまさに長州閥の牙城だったのだ。そこに佐賀ッポの真崎が一人で放り込まれた格好だ。

〝人事の帯〟という観点からすると、この時、真崎甚三郎が軍事課長に上番したことは不可解だ。軍事課長の帯は、明治四十四年九月に宇垣一成が上番、次いで四期の井上幾太郎、五期の津野一輔、七期の畑英太郎と流れて九期の真崎甚三郎、それから八期に戻って林弥三吉だ。宇垣が長州閥に恩を売りながら、自分の後継者を育てようとする人事だと見れないことはない。

では、なぜ真崎甚三郎が挟み込まれたのか。この時の人事局長は茨城出身の竹上常三郎だったからだ。彼は補任課長、参謀本部庶務課長を歴任した典型的な人事屋だから、経歴に合わせて機械的に人選した結果が真崎軍事課長だったのだろう。しかし、よく陸軍省の首脳部がこの人事を受け入れたものだ。

案の定というべきか、長州閥の金城湯池で苦闘した真崎甚三郎は、一年に満たないで軍事課長を下番した。それから近衛歩兵第一連隊長を一年、少将に進級すると、すぐに歩兵第一旅団長という厚遇に恵まれた。しかし、この人事を勘ぐれば、早く昇進させて予備役編入を早めるという悪意が働いているとも思える。事実、真崎は大正十二年八月から昭和二年八月まで、陸士勤務が続き、中央から遠ざけられている。

また、荒木貞夫大佐の処遇についても、同じロシア屋の小畑敏四郎から一言あったはずだ。荒木は第一次世界大戦中、観戦武官としてロシア軍に従軍して貴重な情報を伝え、さらにはシベリア出兵時には参謀として苦労を重ねた。それなのに彼の原隊の近衛歩兵第一連隊長のポストが空いたのにもかかわらず、熊本の歩兵第二三連隊長に回された。これが陸大一九期首席を遇する道かと憤慨する気持ちもよく分かる。

◆軍内に生まれた横断的な結合

バーデン・バーデンで、話がどこまで進んだのか判然としない。旅先の一夕、故国を偲んで話に花が咲いたということで、とてものちに語られるような〝盟約〟といったものではなかったはずだ。そして大正十二年の初頭までに、それぞれ帰国して中央官衙勤務が始まった。東京にいるのだから、たまには集まって欧州駐在時の思い出話や情報の交換でもしようと、渋谷のレストランで会食をするようになった。

これを聞き付けて、欧米駐在の経験者も集まり出した。また、参謀本部第二課（作戦課）の部員だった鈴木貞一少佐らが結成しようとしていた国策の研究会も永田鉄山らに合流することとなった。そして昭和三年十一月三日の明治節に九段の偕行社で最初の合同集会が催された。当初は会食などする曜日から木曜会と呼ばれていたが、昭和四年五月からは一夕会と呼ばれるようになったとされる。

そして、その最初の会合において、

一、陸軍の人事を刷新して、諸政策を強く進めること

二、満州問題の解決に重点を置く

三、荒木貞夫、真崎甚三郎、林銑十郎の三将軍をもり立てながら、正しい陸軍に建て直す

との三点で合意に達した。この三人を巡る高級人事を軸として、旧来の長州閥もしくはその亜流を排して、全軍一致の体制を築き、満州問題を一挙解決するという構想だ。

これは広く賛同を得て、陸士一四期から二五期に至る中央官衙勤務の者四十数人が一夕会に加わった。そのメンバーを見ると山口出身者が皆無だが、これは会の趣旨からして理解できる。それにしても日露戦争中に臨時募集した形となった一九期生が一人もいないとは、なんとも不可解なことだ。例外はあるにせよ、この一夕会の入会資格とは、幼年学校出身の陸大上位卒業者ということで、だから幼年学校出身者がいない一九期生は含まれないわけだ。派閥解消という主張と、この選良意識とは矛盾しており、そこに一夕会分裂の原因があった

といえよう。

ともあれ、バーデン・バーデンの一夕の語らいが具体的な行動計画に発展した。理解しにくいのは、なぜ林銑十郎が期待の星に加わったのかだ。林は石川出身だが、一夕会の主要メンバーには同県人は見当たらないし、大正までは特に目立った人でもない。ただ彼は、海外勤務が長く、大正十二年六月から十三年九月まで国際連盟陸軍代表としてスイスにいた。いわゆる洋行帰りが主体の一夕会のメンバーとしては、林とどこかで接触したり、共通の話柄がある先輩と思われていたのだろう。

海外通で閥外、第一次世界大戦の戦訓を基に国軍の刷新を図ろうという革新的な将軍というならば、なぜ渡辺錠太郎に着目しなかったのか。渡辺は愛知出身、徴兵されてから陸士に進むという苦学力行の人、林銑十郎と同期の八期、陸大一七期の首席だ。ドイツ、オランダの公使館付武官を歴任している。帰国してからも欧米の研究を続け、東京帝大の教授よりも洋書の購入が多いと有名だった。

このような学究肌が買われ、渡辺錠太郎は大正十四年五月、中将進級と同時に陸大校長に抜擢された。まさに適任と思われたのだが、渡辺はそれまでの日露公刊戦史を基礎とした陸大のカリキュラムを、第一次世界大戦の戦訓に則したものに転換しようとした。これが当時の鈴木荘六参謀総長と金谷範三次長の逆鱗に触れ、渡辺は陸大校長在任一年にも満たないまま、旭川の第七師団長に飛ばされてしまった。

陸軍の革新を目指す一夕会としては、この渡辺錠太郎のような人に陸軍の将来を託するべきだと思う。ところが渡辺は一夕会を始めとして若手から忌避され続けた。それはなぜなのか。渡辺は日露戦争の直後、山県有朋の元帥副官を務めていたことが嫌われたのだ。大尉が命のまま副官になっただけの話だし、山県が語ったことを伝えることも大事なのに、それを理由に敵視するとは、なんとも心が狭い。そういう姿勢だから、一夕会はすぐさま分裂し、昭和陸軍の混迷を招いたのだ。

◆将官人事に介入した一夕会

前述したように、一夕会の申し合わせには、真崎甚三郎、荒木貞夫、林銑十郎の三将軍をもり立てるとあったが、これは将官人事に介入する、もしくは影響を及ぼすとの決心を意味する。将官人事の原案は人事局長が作成し、三次官（陸軍次官、参謀次長、教育総監部本部長）、次いで三長官（陸相、参謀総長、教育総監）の合意を得て上奏し、天皇が決定する事柄だ。いくら将来有望といっても、中堅の佐官が関与などできないはずだ。それに一夕会のメンバーは果敢に挑戦した。まずは真崎救命作戦だった。

大正十二年八月、歩兵第一旅団長を無事に了えた真崎甚三郎は、陸士本科長に上番した。以降、真崎は教授部長兼幹事、校長と昭和二年八月まで陸士での長期勤務となった。仕えた校長は、津野一輔、南次郎、宮地久寿馬の三人になる。この頃、大正デモクラシーの思潮や関東大震災後の殺伐とした世相の波が陸士にも押し寄せたが、真崎はこれに的確に対応し、その手腕は高く評価されていた。

荒木貞夫

昭和二年三月、真崎甚三郎は順当に一選抜で中将に進級し、その年の八月の定期異動で弘前の第八師団長に転出した。白川義則陸相と川島義之人事局長による人事で、この二人共に愛媛の出身、中立公正な人として知られていた。第八師団長は盛岡の騎兵第三旅団を管理しているから、格は上の師団長で、あとひとつ中将の職が期待できるポストだ。弘前でも真崎の評判は上々で、白川陸相の置き土産人事の形で昭和四年七月、彼は東京の第一師団長に転じた。

この昭和四年八月の定期異動で、林銑十郎は近衛師団長に、荒木貞夫は熊本の第六師団長になった。一夕会が描いた将官人事の絵図が形になりつつあったわけだが、まだ不確定要素が多く、三人揃ってこれで待命、予備役編入となる可能性も十分にある。林と荒木は当面、安心できるにしても、危ないのは第一師団長の真崎甚三郎だ。師団長を二度務めるのは、当時は珍しいことでもないが、この第一師団長というポストそのものが問題なのだ。

第一師団は頭号師団、帝都警備の要、管理している部隊も習志野の騎兵第二旅団、市川の野戦重砲兵第三旅団、横須賀の重砲兵連隊と世帯が大きい一等師団の筆頭だ。ところがどういうわけか、第一師団長は名誉職扱いされがちだった。また、都会部隊だからとかく問題が起きることが多く、それが師団長の傷になるとも語られていた。そんなことで、第一師団長で待命、予備役編入ということもある。実際、大正末から昭和にかけて、石光真臣、和田亀治は、中将ポストをもうひとつこなして大将かと囁かれていたが、二人とも第一師団長で現役を去った。

昭和六年四月、長かった宇垣一成陸相の時代が去り、後任は大分出身の南次郎となった。前年の二月には、これまた長期にわたった鈴木荘六参謀総長が六五歳の定年満限で退役し、後任は南と同じ大分出身の金谷範三となっていた。長期政権後の人事によくあることだが、以前とは違うのだという意識が働くのか大異動になりがちだ。異動というよりは大掃除といった方がよいだろう。そういうことで、南新陸相による昭和六年八月の定期異動は注目された。人事局長は石川出身の中村孝太郎だ。

この時点で教育総監は、佐賀出身の武藤信義だった。三長官そろって九州人、佐賀出身の真崎甚三郎にとって順風と思うのが間違いだ。真崎が属していたとされる薩肥閥は、拡大して九州連合軍となるが、〝但し大分を除く〟なのだ。九州人から疎外された大分出身者は、

真崎甚三郎

林 銑十郎

それで結構と我が道を行く。三長官のうち二人がこの大分勢だから、真崎の立場は危うい。南次郎は真崎が陸士本科長の時の陸士校長だから、人間関係ができているという救いはあるものの、問題は参謀総長の金谷範三だった。

大正八年頃の話だが、参謀本部第一部長だった金谷範三は、青年将校の思想傾向を調査すべきだと提案した。これが教育総監部第二課長だった真崎甚三郎に伝わると、〝個人の思想など調べられるはずがない〟と反対し、この話はさた止みとなった。提案した金谷としては不愉快なことで、この一件以来、「真崎はだめだ」が彼の口癖になった。こうなると真崎の首は皮一枚だが、そこに立ち上がったのが一夕会のメンバーだった。

昭和四年七月から六年八月まで真崎甚三郎は第一師団長を務めたが、この間、部下として彼を囲んだ一夕会のメンバーは豪華だった。師団参謀長は昭和五年三月から磯谷廉介だ。歩兵第一連隊長はずっと東条英機だ。歩兵第三連隊長は、昭和五年八月まで永田鉄山、そのあとは山下奉文だ。一夕会には加わっていないが、歩兵第二旅団長は児玉友雄、野砲兵第一連隊長は西郷豊彦、この二人は児玉源太郎、西郷従道の実子だ。

これらの有名人が、〝真崎閣下は真の武人、予備役に編入したら国軍の損失〟とのキャンペーンに乗り出した。部下をそこまで心服させるとはたいしたものだとなる。軍隊は閉鎖的な社会だから、噂が噂を呼び、真崎甚三郎の株はさらに上がる。そういう評判は、人事の格好な材料にもなる。そこで真崎にもうひとつポストをこなさせて大将にするかという雰囲気に傾いた。

そして一夕会の強みは、いわゆる人事屋のサークルも含んでいたことだった。昭和六年八月の定期異動を前にして、人事局補任課長は岡村寧次、同高級課員は七田一郎、参謀本部庶務課長は牟田口廉也、教育総監部庶務課長は工藤義雄という布陣だ。将官人事は人事局長の専管事項とはいっても、その判断材料を用意して書類化するのは、この課長、課員らだ。それが〝真崎救命〟で一致しているとなれば、局長の判断もそれに引きずられる。大将昇任を視野に入れた師団長の次のポストは軍司令官だ。朝鮮軍司令官は、昭和五年十二月から林銑十郎で、これは動かせない。関東軍司令官は五年六月から菱刈隆で、彼は陸士五期だから若返り施策で軍事参議官に下がることになっていた。台湾軍司令官の渡辺錠太郎も五年六月からで、将来の三長官要員ということで、航空本部長兼軍事参議官で帰京することになっていた。

武藤信義

この関東軍と台湾軍の司令官に誰をもってくるか、それが昭和六年八月の定期異動の注目点だった。この時点での陸士九期の序列は、真崎甚三郎、本庄繁、阿部信行、松井石根、荒木貞夫となっていた。これに沿えば、関東軍には真崎、台湾軍には本庄となる。ところが参謀総長の金谷範三が異を唱えたため、チェンジされることになった。一夕会としては、満州に真崎、朝鮮に林銑十郎と縦に並べて、満蒙問題一挙解決との構想を描いていただろうが、それは実現しなかった。しかし、それでも大佐クラスが一致団結すれば、将官人事も左右できるという実績を残したことは大きな意味があった。

◆満蒙問題の武力解決方針

一夕会が本格的に組織されてから、会の顧問格は陸士一四期の小川恒三郎だったとされる。小川は新潟出身で同郷の鈴木荘六、大竹沢治に連なる生粋の作戦屋で、大正末から昭和にかけて参謀本部第二課長（作戦課）、同庶務課長を務めている。ところが昭和四年八月、参謀本部第四部長に上番したばかりの小川は、航空機事故で殉職してしまった。顧問格を引き継いだのは、鈴木参謀総長の義弟、新潟出身の建川美次だった。昭和四年八月、彼が駐中武官から帰国して参謀本部第二部長に上番してから一夕会の面倒を見るようになった。これで一夕会は単なる同憂の集まりではなくなり、省部の中枢に組み込まれた政策集団的な結合となった。

昭和六年三月、建川美次を部長とする参謀本部第二部は、昭和六年度情勢判断を作成した。これは本来、年度作戦計画を策定するための材料なのだが、この昭和六年度のものは一歩踏み込み、満蒙問題の根本的解決を強調した内容になり、満蒙の領有にまで言及していた。続いて同年四月、軍司令官・師団長会議が東京で開催された。これに出席した菱刈隆関東軍司令官は、軍事行動も覚悟すべきとの「満蒙問題処理案」を提出した。

これを受ける形で南次郎陸相は、同年六月に省部の中枢課長による国策研究会議を設けた。

建川美次

本庄 繁

座長に指名されたのは、建川美次だった。この会議に連なる課長は、陸軍省からは軍事課長の永田鉄山、補任課長の岡村寧次、参謀本部からは第一課長（編制動員課）の山脇正隆、第四課長（欧米課）の渡久雄、第五課長（支那課）の重藤千秋の五人だった。一夕会に加わっているのは、永田、岡村、渡の三人だ。

日本の将来を左右しかねない会議に、なぜ参謀本部の中枢、第一部長と第二課長が加わっていないのかと疑問があって当然だ。それについては、第一部長の畑俊六と第二課長の鈴木重康は、この八月の定期異動で転出の予定だったから、会議のメンバーに加えられなかったと説明されている。では、これまた八月の異動で連隊長に出る予定の山脇第一課長がなぜ加わっているのか、これについての説明はなされていない。

ともあれ、この国策研究会議は一週間ほどで「満州問題解決方策大綱」をまとめた。それによると、満州において軍事行動が必要になることを予期しつつ、一年かけて政財界、言論界などに働きかけて国論を統一してから決心を下す、それまでは極力紛争は避けるというものだった。軍事作戦を起こすとなれば、昭和七年の解氷期以降ということだ。日露戦争の英霊五万柱によって得られ、通算一五億円も投資した南満州鉄道を主とする権益を失いかねない事態となった以上、日本としてはこのような結論になるのが必然であったろう。

現地、満州の情勢が切迫したことや、謀議が東京でも漏れ出したこともあって、予定を早めて昭和六年九月十八日に口火を切った。この時点で省部中枢における一夕会の会員の配置は別表の通りだ。これに加えて現場の関東軍には、高級参謀の板垣征四郎（岩手、仙台幼年、陸士一六期、陸大二八期）と作戦参謀の石原莞爾（山形、仙台幼年、陸士二一期、陸大三〇期恩賜）となる。

［昭和六年九月現在、陸軍省と参謀本部の一夕会構成員］

◎陸軍省

軍務局軍事課長　永田鉄山（長野、東京幼年、陸士一六期、陸大二三期恩賜）

人事局補任課長　岡村寧次（東京、東京幼年、陸士一六期、陸大二五期）

軍務局馬政課長　飯田貞固（新潟、仙台幼年、陸士一七期、陸大二四期）

人事局補任課高級課員　七田一郎（佐賀、熊本幼年、陸士二〇期、陸大三一期）

軍務局軍事課高級課員　村上啓作（栃木、東京幼年、陸士二二期、陸大二八期恩賜）

軍務局軍事課支那班長　鈴木貞一（千葉、陸士二二期、陸大二九期）

人事局補任課課員　北野憲造（滋賀、大阪幼年、陸士二二期、陸大三一期）
整備局動員課課員　沼田多稼蔵（広島、広島幼年、陸士二四期、陸大三一期）
軍務局軍事課外交班長　土橋勇逸（佐賀、熊本幼年、陸士二四期、陸大三二期）
軍務局軍事課課員　下山琢磨（東京、東京幼年、陸士二五期、陸大三三期恩賜）
◎参謀本部
第一課長（編制動員課）東条英機（岩手、東京幼年、陸士一七期、陸大二七期）
第四課長（欧米課）渡久雄（東京、東京幼年、陸士一七期、陸大二五期恩賜）
第六課長（鉄道船舶課）草場辰巳（滋賀、大阪幼年、陸士二〇期、陸大二七期）
庶務課庶務班長　牟田口廉也（佐賀、熊本幼年、陸士二二期、陸大二九期）
第五課支那班長　根本博（福島、仙台幼年、陸士二三期、陸大三四期）
第二課兵站班長　武藤章（熊本、熊本幼年、陸士二五期、陸大三二期恩賜）

◆一夕会の盲点となった第二課長

よくぞここまで省部の中枢を一夕会の会員で埋めたと思うが、上手の手から水が漏れた。まず、参謀本部の中枢となる第一部長が昭和六年八月の定期異動で、畑俊六から第二部長の建川美次に横滑りしたことだ。これでは挙事を白状しているようなものだ。さらには、参謀本部第二課長が今村均になったことだ。今村は日露戦争中の応急的な募集の形だった陸士一九期生で、一夕会の会員は皆無という期だ。加えて今村は四〇代まで神経質な人といわれていたから話は複雑になる。

昭和五年八月から軍務局徴募課長だった今村均は、前述の国策研究会議に呼ばれていないし、その決定も知らされていなかった。そして昭和六年八月の定期異動で第二課長に上番すると、同じ時に第二部長から第一部長に転じた建川美次から、「実はこう決まっている」と知らされ、初めて満蒙問題の解決案を承知した。これほど重要なことならば、事情はどうであれ、前任者の鈴木重康に知らせておき、申し送りで今村に伝えるのが筋だ。そうしなかったことに、今村が不快感を抱くのも無理はない。

こういった経緯があったものの、問題解決のために武力行使も辞さないこと自体には、今村均も反対はしなかった。満州事変が始まった当初、閣議で不拡大方針が定められると金谷範三参謀総長はこれを受けて、〝旧態に復するの必要あり〟とした。今村第二課長はこれに反対し、省部の意見を取りまとめ、奉天での衝突を〝満蒙問題解決の動機とする〟との方針を定めた。ただし、それはあくまで既得権益の完全確保が目的であって、満州全土を制圧するというものではなかった。今村の信念〝軍は軍紀によって成る〟を実践し、正当な権利を正々堂々と守るということだった。

これが今村均のスタンスだから、九月十九日朝に朝鮮軍から増援部隊を奉天に派遣するという一報が入ると、これにストップをかけた。朝鮮軍が鴨緑江を越えることは、海外派兵の意味合いが帯びるので、大命（天皇の命令、奉勅命令）を伝宣した上で行なうべきだと主張した。結局、朝鮮軍は独断で鴨緑江を越えて満州に入って、それを臨参命第一号で追認するという形でお茶を濁した。それからも今村第二課長は、事変の独断専行的な拡大を抑制し続けた。

参謀本部の第二課長という重責を担えば、満州の軍閥だけを考えていればよいはずはない。ソ連の権益の北満鉄道を越えて北進し、ソ連と国境を接するとなれば、ソ連との紛争を考慮しなければならない。ソ連は一九二八（昭和三）年十月から第一次五ヵ年計画を推進中だから、極東正面で事を起こさないといわれていたが、それは単なる希望に過ぎない。実際、一九二九（昭和四）年七月に張学良が北満鉄道を回収すると、ソ連は直ちに満州領内に進攻し、十一月には空軍まで投入してハイラルを占領している。対ソ戦まで考慮しなければならない立場の今村均としては、騒がしい機会主義的な事変拡大派を押さえるのは当然のことだ。

では、どうして参謀本部第二課長という中枢中の中枢に一夕会の盲点が生まれたのか。小畑敏四郎の第二課長上番と、満州事件の仕掛けが早まったからだ。昭和元年十二月、第二課長だった小川恒三郎は参謀本部庶務課長に回り、その後任が小畑となった。荒木貞夫が第一部長の時だ。昭和三年八月の定期異動で荒木部長が陸大校長に転出し、小畑も岡山の歩兵第一〇連隊長に出た。その後、第二課長は一五期の今井清、一七期の鈴木重康、一九期の今村均と流れた。

今村　均

一夕会の会員で小畑敏四郎に続く第二課長要員の帯

に乗っていたのは、二二期の鈴木率道までいなかった。そこで順当に今井清の次に小畑が上番し、第二課長のポストを手早く回し、かつ満州事変を予定通り昭和七年春以降に口火を切るとすれば、事変当時の第二課長は鈴木率道ということになっていたかも知れない。事実、満州事変が始まってからの応急的な人事だったが、昭和七年四月に鈴木は第二課長に上番している。しかし、そこまでの絵図を描くとなると、何代かにわたる第一部長と総務部長が結託し、人事局長まで動かさなければ無理で、課長レベルの一夕会の会員だけではどうにもならなかっただろう。

◆現地、関東軍の人事

省部の人事はさておき、要は現地、関東軍の人事配置だ。当時、張学良の軍隊は二三万人、これに対する関東軍は縮小編制の駐箚（ちゅうさつ）師団一個と独立守備隊合わせて一万人だ。奉天に限れば、張軍一万七〇〇〇人、日本軍は歩兵連隊と独立守備隊の大隊それぞれ一個の計一五〇〇人だ。この兵力格差の下、先制第一撃で張軍を蹴散らすというのだから、関東軍にはよほどの知謀、胆勇の士を配さなければならない。一夕会は会員の板垣征四郎を関東軍高級参謀に、同じく石原莞爾を作戦主任に配したが、これが事変への名布石ということになっているようだ。しかし、実際には一夕会の画策というよりも、昭和三年六月の張作霖爆殺事件の後始末人事の結果によるところが大きい。

石原莞爾は大正十年七月以来、ドイツ駐在の二年を挟んで陸大の戦史教官を務めていた。

扱いづらい石原を象牙の塔に押し込めていたとも見れるが、戦史教官はその性質上、どうしても長期勤務になるものだ。石原の講義は学生に好評だったが、講談のような内容が上司、特に幹事から校長になった多門次郎の教育方針と合わず、なにかと問題視された。このままでは石原の将来が閉ざされると心配した陸士二一期の同期生で同じく陸大教官だった飯村穣は、石原の転出先を探し始めた。

まず、相談したのが軍務局にいた今村均だった。今村の実弟は、二人とも石原莞爾の仙台幼年学校の後輩だから相談しやすい。飯村穣が「あの仙幼の名物男、石原の転属先はありませんか」と尋ねると、今村は「俺の同期で関東軍の作戦主任をしている役山久義がそろそろ異動だから、その後任でどうか」と助言した。飯村は昭和三年五月、陸大二年生の満鮮旅行の引率で関東軍司令部を訪ねた時、石原受け入れの内諾を得た。そしてその六月に張作霖爆殺となって役山は転属、石原が作戦主任に上番した。

板垣征四郎

石原莞爾

板垣征四郎は、昭和三年三月に津の歩兵第三三連隊長に上番、昭和四年度から二年間の予定で満州駐箚となった。そして昭和四年五月、張作霖爆殺の首謀者とされた関東軍の高級参謀、河本大作が停職となったため、急ぎ現地にいる板垣が起用されることとなった。

この石原莞爾と板垣征四郎の人事については、一夕会による策謀の気配はない。ただ、目立つ人事ではないが、昭和六年八月の定期異動で独立守備隊第二大隊長に島本正一があてられたのは意図的だ。謀略の焦点となる奉天の独立守備隊第二大隊長には、黙っていても北大営に突入する勇者が欲しい。誰かいないかと見渡すと、第一高等学校の配属将校で腐っていた島本がいた。彼は陸士二一期、陸大三〇期、共に石原莞爾と同期だ。島本は本来、対ソ情報畑の育ちだが、高知出身の勇ましい人だ。

関東軍と補任課から打診された島本正一は勇み立った。中枢部でどんな策謀が巡らされているか知らないが、この時期に奉天だといわれれば、自分に何が期待されているかピンとくる。一高の配属将校といえば世間でも有名人だから、東京の高知県人会は盛大な壮行会を催した。これを耳にした消息通は、いよいよ奉天で挙事かと判断したという。人事は怖いもので、その組織の意図まで明らかにしてしまう。もちろん島本は期待通り奮闘し、大事な初動を成功に導き、金鵄勲章功四級に輝いた。

このように偶然と画策が重なって、満州事変への布石が形になった。それから問題になるのは、挙事までこの陣容を維持し、立ち上がるまで時間がかかるようならば、後継者を準備しておくことだ。そこで力を発揮するのが人事屋だ。岡村寧次、七田一郎、北野憲造、加藤守雄、牟田口廉也といった一夕会の人事屋がいなければ、満州事変は起きなかったはずだ。

◆人事で分裂した一夕会

憂慮されていたソ連の介入もなく、満州事変は日本にとって順調に進展し、昭和七年三月には満州国が建国された。これで一夕会が掲げた目標のひとつが達成された。また、昭和六年十一月に荒木貞夫が陸相に就任し、彼の発案で参謀総長に閑院宮載仁が出馬したのが同年十二月だった。その次長には大次長として中将の真崎甚三郎があてられたのは翌七年一月だった。そして同七年五月には林銑十郎が教育総監となり、これでまたひとつ、一夕会の目的「荒木、真崎、林をもり立てる」が達成されたことになった。

さてそこで、残る目的「陸軍の人事を刷新して、諸政策を強く進める」をどうするかだ。その後段の〝諸政策〟は、一夕会の同志どころか、全軍の叡知を結集しても、それはなにかすら定めるのは難しい。満州事変の成功によって、日本が守るべき生命線は、鴨緑江から豆満江の線一三〇〇キロから、黒竜江正面を主とする四〇〇〇キロの線となり、しかも主敵ソ連とじかに接することとなったのだ。この戦略環境の大変化に対応するため、高度国防国家建設というスローガンを掲げたのはよいが、具体的にどうするか軍人だけで考えても結論は出ないことを認識していなかったところに、昭和陸軍混迷の原因がある。

さて、ここで主なテーマとする人事だ。陸軍の人事を刷新するといっても、具体的にどうしたいのかと問われれば、明確な解答はない。バーデン・バーデンで気炎を上げていた頃は、長州閥打倒といったことでよかった。その具体策はと問われれば、山口県人に辛くあたる、陸大の試験であら捜しをして山口出身者を閉め出すとか、そんな嫌がらせのレベルで満足していたに違いない。それが省部で責任ある立場になると、具体的な人事刷新の青写真を提示しなければならなくなる。それまでは単なる感情問題であれこれやってきたのだから、急に理性的、合理的なプランを示せといわれると困ってしまうのが実情だったに違いない。

さらなる問題は、次なるトップ人事だ。一夕会が意中の将官としてきた三人が頂点に立った昭和七年五月の時点で、荒木貞夫は五五歳、真崎甚三郎は五六歳、そして林銑十郎は五七歳だった。仮に大将の定年満限の六五歳まで勤め上げてもらうとしても、あと一〇年以内にこの三人は陸軍から去る。そこまで気長でなくとも、トップにも常識的な任期というものがあり、すぐにも次なる三長官の候補を定めなければならない。ただ、真崎、荒木、林がトップを占めるだけでよいという線香花火に終わらせたくないならば、次なる一手が求められる。

露骨にいえば、陸士一〇期から一五期まで、自分たちの一六期以降につなげる神輿になってくれる人を探すことだ。神輿は軽くて見栄えの良いというのが原則だが、そういう観点から見渡すと意外と候補者が少ない。人材豊富といわれていた一二期、一三期にしろ、そのほとんどが宇垣一成の恩顧を被った者で、一夕会の趣旨には合わない。一四期、一五期になると少尉で日露戦争に従軍しているせいか、人間が堅くなり神輿にはふさわしくない。結局、本命はこれだと決められないまま時がすぎていった。

昭和七年四月、陸士一六期の永田鉄山、小畑敏四郎、岡村寧次、そして情報畑の土肥原賢

二、工兵の松井命、航空の佐野光信が一選抜で少将に進級した。いよいよ一六期生も大将レースの向こう正面に入ったといったところだろう。大将、中将など雲の上の話と思っていたが、陸大恩賜組には己の問題となって迫ってきた。自分自身の栄達はさておき、それまで支えてくれた後輩の身が立つようにする責任も生じる。さらに周囲も煽り立てる。この頃、すでに将来の陸相は永田鉄山で決まり、その次は一八期の山下奉文だろうと語られていたのだ。これでますます鞭が入り、仲の良かった同期生もライバルと化する。

一六期生の少将進級があった二ヵ月前の昭和七年二月、参謀本部で応急の人事異動があった。満州から飛び火した上海の戦線で難戦に陥り、これを打開するため、今村均第二課長を参謀本部付として上海派遣軍に送り、後任には陸大教官だった小畑敏四郎をあてた。第二課作戦班長も河辺虎四郎から鈴木率道に代わった。小畑の第二課長は二度目になるが、このような変則的な人事は、とかく問題が生じやすいものだ。

また、小畑敏四郎と鈴木率道の二人、頭脳明晰なことは誰もが認めるが、秀才にありがちな協調性に欠けるところがあり、独善的だと見られていた。さらには満州事変の発端時に苦労を重ねた今村均を、第二課長在任六ヵ月で飛ばすとはおかしいという声も多かった。案の定というべきか、この二人はいらぬ波風を巻き起こしたばかりか、一夕会の分裂をもたらすこととなった。

小畑敏四郎と鈴木率道のコンビの初仕事は、善通寺の第一一師団と宇都宮の第一四師団を動員して、上海戦線に送ることだった。第二課は極秘のうちに作業を進め、決定してから動員の実務をあずかる総務部第一課に、あとはよろしくと申し送った。第一課長の東条英機は、「第二課だけで戦争をするつもりか」と激怒した。それが東条の性格だといえばそれまでだが、彼の言い分にも一理ある。

いくらモンロー主義の第二課といっても、兵力を動員して運用するとなれば、まず所掌の第一課と連帯し、そこを窓口にして軍務局軍事課と連携し、予算の準備を進めるのが正しい手順だ。いくら急いでいるといっても、手順も踏まないで突然、〝こう決まったから事務処理しろ〟では、東条英機でなくとも気分を害する。まして参謀本部の総務部と第一部は、いつも綱引きをしている関係にあった。念を入れて丁寧に連帯しないと、感情問題に発展してしまう。

しかし、東条英機としてもその鋭鋒を第二課長の小畑敏四郎に向けるわけにもいかない。小畑の原隊は近衛歩兵第一連隊、東条は同第三連隊という関係に始まり、東条が陸大に受験する際には、いろいろと小畑に世話になっている。そこで東条は、矛先を後輩の鈴木率道に向けた。鈴木も東条に劣らず気性が激しいから、五期先輩の東条に向かって正面切って反論する。小畑としては、子飼いの鈴木の肩を持つ。一方、軍事課長だった永田鉄山は、事務が手堅い東条を買っている。双方に応援団が付く形となると、東条と鈴木のいがみ合いは激化する一方だった。

理屈では鈴木率道の敵ではない東条英機は、何事につけても「鈴木がいうから反対だ」と感情的になり、中立の者も困らせることになった。これが目に見える形での一夕会分裂の発端だ。この仲たがいの結末だが、鈴木は昭和七年四月に第二課長に昇格し、十年八月までその職に止まった。その一方、東条は昭和八年三月に参謀本部付となり、続いて軍事調査委員長、軍事調査部長、陸士幹事と歩き、九年八月には久留米の歩兵第二四旅団長に飛ばされることになった。

さて、永田鉄山と小畑敏四郎は、少将進級と共に参謀本部第二部長と同第三部長に上番した。この二人をよく知る人、例えば同期の岡村寧次などは、「この二人は理屈が多いから、すぐに論争になり、ついには感情的になる」と予測し、肩を並べる配置はまずいと心配していた。危惧されていたように、鈴木率道第二課長もからんで、今度は永田と小畑の仲たがいとなり、一夕会の分裂は決定的なものとなった。

鈴木率道第二課長は、上司の古荘幹郎第一部長よりも、第三部長の小畑敏四郎とよく接触し、指示を仰ぐ場合も多かったとされる。作戦畑育ちではない古荘よりも、旧知の小畑に頼ったということだが、組織として本来あってはならないことだ。小畑はこれを真崎甚三郎次長に上げるのはよいとしても、荒木貞夫陸相と直談判にも及ぶ。よく古荘が黙っていたと思うが、古荘と荒木は人間関係ができていたから波風が起きなかった。日露戦争中、後備近衛混成旅団の高級副官が荒木で、副官が古荘だった。古荘が黙認したとしても、周囲は指揮系統を乱し

鈴木率道

ていると不快に思っていたはずだ。

そして永田鉄山と小畑敏四郎の対立を決定的にしたのは、戦略構想の違いだった。小畑はその育ちから対ソ戦一本槍だ。陸軍は北を睨んでいればよく、ほかに目を逸らすなという考え方だ。他方、永田は軍政畑の育ちだから、小畑より視野を広げる。対ソ戦必勝のためには、国力の増進を図らなければならず、どうしても中国大陸の資源に目を向けざるを得ないと考える。大冶鉱山の鉄鉱石はもちろん、綿花や塩にいたるものまでを中国から安定的に供給しなければ、戦争にならないのが日本だ。そういう観点からすれば、永田の主張の方が正しい。

このような考え方の違いが鮮明に現われたのが、満州事変後もソ連の権益下にある北満鉄道（中東鉄路）の買収問題だった。小畑敏四郎は、運輸を統轄する第三部長という立場にあったが、買収には反対だった。戦争になればすぐ取れるものをわざわざ買う必要はない、ソ連はその売却費で極東の軍備を増強するだろうから反対という。永田鉄山は買収に賛成した。北満鉄道を買収して満州全土の鉄道網を充実させれば、満州の経済が活性化し、ひいては日本の国力が増進し、そうなれば対ソ必勝態勢が確立するという考え方だ。

結局は昭和十年一月、永田鉄山が軍務局長の時、北満鉄道を買収することになった。ともかくこの論争で、誰もが一夕会は解消したと思ったはずだ。参謀本部の第二部長と第三部長、そんな並列の人事が思いもよらぬ結末を招いたことになるだろう。

支那事変拡大の裏事情

◆長年にわたる人事当局の悩み

日露戦争が終わったその時から、どうにも解決策が見い出せない人事上の難問があった。大量に採用した陸士一八期生、一九期生をどう扱って人事を進めて行くかだ。一八期生は明治三十七年十二月の入校、中央幼年学校から二六五人、中学から七〇四人の計九六九人だ。卒業は三十八年十一月で九二〇人、うち歩兵科が七四二人だった。

日露戦争中の臨時募集という形になった一九期生は明治三十八年十二月の入校、中学出身者のみの一一八三人、卒業は四十年五月で一〇六八人、うち歩兵科は八八二人だった。この二つの期をはさむ一七期生は三六三人、二〇期生は二七六人だったから、一八期と一九期の突出ぶりは凄まじい。小銃小隊長ですぐ使おうということで、このような大量採用となったわけだ。

平時においては、陸士卒業後、九年ほどで大尉に進級し、歩兵の場合は中隊長に上番する。

日露戦争中の編制では、師団に歩兵の中隊長のポストは四八個あった。明治四十年四月に制定された「帝国国防方針」で示された平時二五個師団・戦時五〇個師団が達成されれば、大量採用の一八期生、一九期生でも中隊長として吸収できる計算だ。しかし、ポストの数が絞られる大隊長、連隊長となると、厳しくエリミネートしないと人事が回らなくなる。大ナタを振るったり、人事が停滞すれば不満が鬱積して大変なことになりかねない。昭和十一年の二・二六事件でも、そんな人事の不満が根底にあったのだ。

平時二五個師団体制が実現すれば消化できる人員数であり、戦時五〇個師団を充足するにはそれ以上の数を必要としていた。ところが実際には、大正十三年度の二一個師団体制がピークで、大正十五年度の軍備整理で一七個師団体制に後退した。一八期生、一九期生は、大正五年から九年頃までに中隊長を了えていた。さてそれから少佐、中佐と進むとポストがあるのかという不安に襲われる。学校配属将校で飼い殺しか、連隊付中佐にもなれないのかと、お先真っ暗だったのだ。「なにか起きないものか」といった不謹慎な考えが生まれるのも無理はない。

この一八期生、一九期生をどう扱うかに加え、平時二五個師団体制を前提として、二二期から二七期まで採用数は七〇〇人を超えていたから、これも合わせて考えなければならない。二四期の一選抜は昭和十年八月、大佐に進級していたから、人事的に大変な時期に入りつつあった。どうにもポストがないとなれば、まとまった予算を用意し、いわゆる〝肩叩き〟、勧奨退職まで考えられた。さらには、「動員をかけて戦時体制になれば問題が解決するのだが」と夢想にふける気持ちも分かる。

◆二・二六事件の後始末

そんな時に突発したのが、昭和十一年の二・二六事件だった。新陸相の寺内寿一と人事局長の後宮淳は果敢な粛清人事を行なったものの、そのフォローを丁寧にしないと陸軍の団結が揺るぎかねなかった。これで苦労したのが補任課長だった加藤守雄で、心労からか昭和十四年末に病没してしまった。また、後宮は怨嗟の的となり、のちのちまで問題を残すことになる。

二・二六事件によって渡辺錠太郎教育総監が殺害され、川島義之陸相、本庄繁侍従武官長は退任して予備役となった。また軍事参議官の林銑十郎、阿部信行、真崎甚三郎、荒木貞夫も道義的な責任を取る形で予備役に入った。当時、大将の予算上の定員は一三人だったから、その半分以上の大穴が開いてしまった。これは軍の若返りを図る好機ともいえるが、大将の欠員を埋めるのは大変だ。内規では、中将を六年務め、その間に大きな戦功を立てたとか、枢要な職務に服した者が大将昇進の資格があるとされていた。

杉山 元

昭和十一年度末、大将へ最短距離にいたのは一二期の杉山元で、同年十一月に進級して穴埋めが始まった。

続く一二期の大将候補は畑俊六と小磯国昭の二人だが、翌十二年にならなければ資格が生まれない。結局、この大将の穴は現役だけでは埋められなかった。敗戦時、陸軍大将の定員二一人、うち現役一九人、予備役二人だった。三長官でも「大将もしくは中将」となっているから、大将をそう急いで作ることはないとゆったり構えていたのだろう。ところが支那事変が突発して方面軍司令部を編成するとなると、この大将不足で慌てることとなった。

さらに深刻な問題は、中将以下の粛清人事にあった。反乱部隊を出してしまった第一師団長の堀丈夫、近衛師団長の橋本虎之助、そして各連隊長が待命即予備役編入というのも仕方がない。ただ、平時にはたいした権限もなく、部下も四人ほどという旅団長も同じ処分というのは問題だ。また、派閥を作ったとかあれこれ良からぬ噂はあったものの、事件と直接関係のない台湾軍司令官の柳川平助、第四師団長の建川美次、陸大校長の小畑敏四郎までをこの際とばかりに予備役編入というのは、そば杖を食ったというほかない。

特に二・二六事件中、戒厳司令官を務めた香椎浩平を予備役に編入するとは、事件の対応に不手際があったと告白しているのに等しい。派閥色が濃い連中は、左右を問わず一掃するということなのだろうが、そんなことは世間の評判や噂を基にした人事そのもので、あってはならないことだ。

なんとも理不尽なことなのに、手早く辞表を取りまとめられたのは、人事当局が甘言を弄したからだった。誰に対してもそうだったとは言い切れないが、おおむねこんな具合に説得した。すなわち、この待命はすぐさま予備役編入というものではなく、現役のまま待機してもらい、事件のほとぼりが冷めたら改めて補職しますと約束、もしくは仄めかしたのだ。こう出られると、確かに二・二六事件に関して道義的な責任もあることだから、健康上の都合として辞表を出すのもやぶさかではないとなる。

ところがふたを開けると、約束のいわゆる復活待命ではなく、すぐさま予備役編入としたのだから不満は爆発する。あの事件に関して自分にどんな責任があるのかと詰め寄られると返す言葉がない。〝お前は皇道派だからだ〟〝閣下は宇垣閥ですから〟とは口が裂けてもいえない。そこで、「実は閣下の戦時補職はこうなっておりまして、来年三月には正式にお伝えいたします。いずれまたご活躍の機会も」と当てにもならない約束をして当座をしのぐほかなかった。

もちろん、大将、中将と功なり名を遂げて軍を去るのだから、これで良しとする人が大半だったろう。日露戦争を体験し、軍縮期に将官まで上り詰めた人は、そういった諦観を持っていたはずだ。それに対して、それまでエリート街道を大過なく歩んできて、さあこれから少将、中将かという時に、事件当時の態度に問題ありと左遷させられるとなると、これはもう悲劇だ。しかも、自分に替わって中枢部に乗り込んでくる者がいるのだから、どうにも納得できないとする者がいても不思議ではない。本人がどう感じていたかは推測の域を出ないが、そんな釈然としない気持ちになってもおかしくない人に、山下奉文と村上啓作がいる。

陸士一八期の山下奉文は事件当時、中将目前の少将で軍事調査部長だった。彼は川島義之陸相の命を受け、なんとか事件を穏便に収拾しようと、陸軍大臣告示の取りまとめに奔走した。それが反乱軍に利するものではなかったのかとなり、京城・龍山の歩兵第四〇旅団長に飛ばされた。それも「東京にいるとなにかと詮索されるから」と恩情人事のようにして送り出すのだから、人事屋が嫌われるのも無理はない。それ以降も山下は外回りに終始し、中央でその手腕を発揮する機会はなかった。

閑院宮載仁

村上啓作は陸士二二期、陸相を務めた木越安綱の女婿と毛並みの良い人で、連隊長も了えて少将目前の大佐、軍務局軍事課長の要職にあった。彼は陸軍省の総意として事件の無血解決を目指し、維新大詔なるものの作成に尽力した。ところがそれは反乱軍に同調したようなものとされ、事件直後に陸大教官に転出し、それ以降、中央部での勤務はなかった。もし、学識豊かな村上が軍事課長のままでいれば、町尻量基、田中新一、岩畔豪雄という、支那事変の拡大を防止できなかった軍事課長の帯は生まれなかったのだ。

◆さらなる混乱を招く組織改編

参謀総長は昭和六年十二月以来、閑院宮載仁だった。閑院宮は慶応元（一八六五）年十一月の生まれ、その高齢もあって何度も辞意をもらしていたが、後任のあてもなくそのままになっていた。皇族の権威をもって満州事変を円滑に進めようという荒木貞夫陸相の発案による人事だったが、あまりに長期にわたるとさまざまな問題が生じてきた。

例えば昭和十年七月、真崎甚三郎教育総監の罷免は、閑院宮載仁の鶴の一声で決まった。それ自体がどうだったのかは別として、三長官会議が本当の意味で機能していなかったとはいえる。もし、三長官会議で自由かつ活発な論議が尽くされていたならば、問題がこじれず、相沢三郎中佐による永田鉄山軍務局長斬殺事件も起こるはずがなく、二・二六事件もなかっただろう。また、閑院宮は高齢なこともあり、小田原の別邸で過ごすことが多く、連絡に時間が食われるのも頭痛の種になっていた。そういうことがあっても、後任が決まらなければ仕方がなく、昭和十五年十月まで閑院宮総長の長期政権となった。

陸軍の内部事情をより複雑にしたのは、昭和十一年六月と八月の参謀本部改編、同年八月の陸軍省改編だった。この改編は、参謀本部では部の下に課を設けた明治四十一年十二月以来のこと、陸軍省では大正十五年九月以来のことだった。改編の概要は次表の通り。

［参謀本部の改編］

昭和十年末現在		昭和十一年六月、八月現在	
総務部	庶務課	総務部	庶務課
	第一課（編制動員）		第一課（演習）
第一部（作戦）	第二課（作戦）	第一部（作戦）	第二課（戦争指導）
	第三課（要塞）		第三課（作戦）

第二部（情報）　第四課（欧米）
　　　　　　　　第五課（支那）
第三部（後方）　第六課（運輸）
　　　　　　　　第七課（通信）
　　　　　　　　第八課（演習）
第四部（戦史）　第九課（戦史）

［陸軍省の改編］

大正九年現在
大臣官房
人事局　補任課
　　　　恩賞課
軍務局　軍事課
　　　　徴募課
　　　　馬政課
　　　　兵務課

昭和二年現在
大臣官房
人事局　補任課
　　　　恩賞課
軍務局　軍事課
　　　　歩兵課
　　　　騎兵課
　　　　砲兵課

第二部（情報）　第四課（防衛）
　　　　　　　　第五課（ロシア）
　　　　　　　　第六課（欧米）
　　　　　　　　第七課（支那）
第三部（後方）　第八課（運輸）
　　　　　　　　第九課（通信）
第四部（戦史）　第十課（戦史）
　　　　　　　　第十一課（戦法）

昭和十一年八月現在
大臣官房
人事局　補任課
　　　　徴募課
　　　　恩賞課
軍務局　軍事課
　　　　軍務課
兵務局　兵務課

局	課
	防備課
	動員課
兵器局	統制課
	銃砲課
	器材課
経理局	主計課
	衣糧課
	建築課
医務局	衛生課
	医事課
法務局	

局	課
	工兵課
	航空課
整備局	動員課
	統制課
兵器局	工政課
	銃砲課
	器材課
経理局	主計課
	衣糧課
	建築課
医務局	衛生課
	医事課
法務局	

局	課
	防備課
	馬政課
整備局	戦備課
	整備課
兵器局	銃砲課
	機械課
経理局	主計課
	監査課
	衣糧課
	建築課
医務局	衛生課
	医事課
法務局	

参謀本部の改編のポイントは、総務部第一課（編制動員課）と第一部第二課（作戦課）が合体して作戦担当の第三課となり、第二課の番号は戦争指導課なるものに使われることになったことだ。昭和十年八月、第二課長に抜擢された石原莞爾の持論、「日本には作戦計画はあっても戦争計画がない」によって戦争指導課が生まれたとされる。ジョルジョ・クレマン

ソーの警句「戦争、こんな大事なことを軍人などに任されるか」を引くまでもなく、戦争指導とは政治のマターだ。それを参謀本部の課で扱うというのだから、ずいぶんと思い上がった考え方だ。

論理的に整理されていないのだから当然にしろ、この戦争指導の部署は迷走を重ねた。まず、石原莞爾が第一部長を下番した直後の昭和十二年十月、第二課は戦争指導課としては廃止され、旧の作戦課に戻り、戦争指導の業務は第二課内の班で行なうこととなった。続いて昭和十五年十月、戦争指導班は参謀次長直属の大本営第二〇班、十七年一月に大本営第一部第一五課になったものの、二十年四月の省部合体で軍務課と合体する形で第四部第一二課となり敗戦を迎えている。

陸軍省改編の目的は、軍務局の業務を簡素化し、より強力に陸相を補佐することにあった。そのため軍事課以外の四課と軍事課が抱えていた業務の一部をほかの局に移し、軍務局に軍務課を新設するというものだった。また、二・二六事件の教訓から軍紀風紀の引き締めを図るため、兵務局も新設された。改編の当初、軍事課は編制班と予算班、軍務課は内政班と満州班からなっていた。その後、軍務課は肥大して国内班、支那班、満州班、外交班、南方班という陣容になり、政治介入の牙城となった。

◆組織と個人の劣化

これほど大きな改編となると、事務が円滑に流れるようになるまで時間がかかる。ある部署が新しい事業を起案し、それをどの部局と連帯（連絡、調整）するか、さらにそれをどのような手順で局長、部長に上げて行くか、これに慣れるまでは、どうしてもギクシャクする。まして軍務課、兵務局、戦争指導課といった新設の部署では、どう書類を回すかから考えなければならない。この機構改正があってから一年ほどで盧溝橋事件となるが、その一報を聞いた時、多くの人が「態勢の不備、虚を衝かれた」と感じたに違いない。

そもそもが、ライン（部隊）が大増強されたとかの変化がないのに、スタッフ（幕僚）や管理の機能に手を付けるということは、その組織自体が劣化しつつあることを意味する。どうにもうまく組織が回らないのは、その組織の構造に原因があるとして改編しようとするのだが、それは組織そのものに責任を押し付けているだけで、それを動かしているのは自分たちだという認識が薄い。それこそが組織の退廃、劣化なのだ。

さて組織を回すための人事だが、これだけの組織の変化があれば、人事当局が持っている〝人事の帯〟を見直さなければならない。新しく設けられた部署ならば、それぞれの帯を新しく作ることになる。初代の兵務局長は阿南惟幾で、東京幼年学校長からの転出だった。これはあくまで応急的な人事だったから、阿南の次の兵務局長にどのような経歴の人を持ってくるかを考えなければならない。すなわち新しく人事の帯を作らなければならなくなる。軍務課長、戦争指導課長、そしてその課員の場合も同様だ。

二・二六事件の後始末人事に携わる者は、大変な思いをしたはずだ。しかし、それは彼らにとってチャンスでもある。まずは人事屋の存在が注目され、業務拡大で陣容が強化された。

また、新たに〝人事の帯〟〝人事のダイヤグラム〟を作るとなると、自分自身の将来を考えて自分を有利な立場に置くことも可能だ。さらには、大事件直後のことで誰もがそれまでの行状を気にしているのだから、考課表という閻魔帳を握っている人事屋には一歩身を引く。このようなことが重なり、人事屋は異常なまでの力を持つこととなった。

新体制の人事はなんとか収まったものの、今度は中枢部を構成する個人、個人の肉体の劣化が目立つようになった。今日では人事管理の重要な一項として、構成員の安全、衛生というものがあるが、当時はそれに関する意識がまったく希薄だった。これは大正、昭和の社会の実情を知れば、致し方なかったというほかない。

国民病とされたのが結核だが、特効薬はなく、ただ栄養をとって安静にして自然治癒を待つほかなかった。コレラ、腸チフスといった重大な伝染病もそう珍しくない時代だ。抗生物質などはもちろん、満足な殺虫剤もないのだから、伝染病が蔓延しても患者を隔離することぐらいしかできない。軍人の間でよく見られた過度の飲酒、喫煙が生活習慣病をもたらすなど、考えもしなかったろう。

そんなことで、大正末の官吏の平均寿命は五一歳という統計が残されている。まさに〝人生わずか五〇年〟だ。軍人の寿命はさらに短く、陸軍は四六歳、海軍は四二歳だったという。前述した川上操六、田村怡与造の早世はそう珍しいことではなかった。上原勇作（七八歳没）、鈴木荘六（七六歳没）、宇垣一成（八八歳没）らは、例外中の例外で、だから超大物とされたのだ。それにしても昭和十二年七月七日の盧溝橋事件の前後、陸軍の中枢部はそろいも揃って病人ばかりとは、それからの日本の運命を暗示しているようだった。

昭和十二年三月から参謀次長は、陸士一五期の今井清となった。彼は素晴らしい経歴の人で、参謀本部では第四課長（演習課）、第二課長（作戦課）、第一部長、陸軍省では人事局長、軍務局長を歴任しており、閑院宮載仁総長の下の大次長にうってつけの人だった。ただ、彼は長年にわたって内臓疾患を抱えており、次長の激務は無理ではないかとの声もあったが、後宮淳人事局長はその空前の経歴に目を奪われ、無理は承知で参謀次長に持ってきた。やはり懸念されていたように、次長に上番してからの今井清は病状を悪化させた。盧溝橋事件が起きてからは、担架で出退勤するまでになり、八月に入って次長を下番した。なお今井は昭和十三年一月、参謀本部付のまま五七歳で死去している。

昭和十一年三月に参謀本部第二部長に上番した陸士一七期の渡久雄も健康を害しており、それまでにも三回も師団付となって静養していた。これまた健康は回復することなく昭和一二年七月に第二部長を下番、第一一師団長に転出したものの、一四年一月に任地の密山で死去している。

次長と第二部長の健康に問題があるとなると、第一部長の石原莞爾が参謀本部をしょって立たなければならない。ところが、その石原も病人だった。彼は長年にわたって外傷が原因の膀胱炎に悩んでいた。盧溝橋事件が突発してから、石原は参謀本部に泊まり込んで激務をこなしたが、無理がたたって病状が悪化し、とかく苛立ち感情的になりがちだった。これでは部内の和が乱れ、第一部長としてリーダーシップを発揮できない。

この石原に対して第三課長（作戦課）の武藤章は元気だったから、省部を事件拡大の方向に引っ張って行ったとも見える。しかし、武藤も今日でいう境界型の糖尿病に悩んでいたという話も残っている。陸軍次官の梅津美治郎も、どこか精彩を欠いていたそうだが、それは以前に患った軽い脳梗塞の後遺症だという噂もあった。

現地はどうだったのか。昭和十一年五月から支那駐屯軍司令官は陸士一五期の田代皖一郎だった。彼は中国駐在が長く、参謀本部第六課長（支那課）を務めた中国屋の本流で、蔣介石とも旧知の間柄だ。まさに適任者なのだが、昭和十二年六月初頭、山海関での演習を検閲中に心筋梗塞の発作を起こし、天津の病院に入院中に盧溝橋事件が起きた。急ぎ教育総監部本部長の香月清司に交替したが、田代は七月十六日に天津で病没した。

◆始まった大動員

昭和十二（一九三七）年七月七日、北京（北平）郊外で起きた盧溝橋事件にどう対応するか、日本政府、陸軍は苦慮した。今にして思えば、参謀本部第一部長の石原莞爾が強く主張した不拡大方針を堅持するべきだったとなるだろう。しかし、平津地区（北平＝北京と天津）の居留民一万二〇〇〇人を保護し、また中国側の兵力集中に対応して支那駐屯軍に増援を送り込むことは当然だった。当時、支那駐屯軍は兵力五〇〇〇人、いかにも手薄だ。実際、七月二十八日には通州で居留民と守備隊合わせて一四二人が虐殺された事件も起きたのだから、ほっておいて沈静化するのを待つというわけにはいかなかったのだ。

戦闘を覚悟して増援するとなれば、部隊を動員して戦時編制にしなければならない。戦略単位とされていた師団の動員となれば、これは宣戦布告と同じ意味と受け止められる。結局は好むと好まざるに関わらず、盧溝橋事件が日中全面戦争に拡大するのは不可避だったと諦めるほかない。

昭和十二年七月十二日、まず朝鮮軍の京城・龍山に衛戍する第二〇師団、内地と満州にあった部隊による臨時航空兵団が動員され、次いで同月二十七日、広島の第五師団、熊本の第六師団、姫路の第一〇師団の動員が下令された。この内地三個師団の動員規模は、兵員二〇万九〇〇〇人、馬匹五万四〇〇〇頭だった。なお、第二〇師団は充足人馬動員、第五師団と第六師団は応急動員、第一〇師団は本動員だった。

この頃の師団は、平時編制で人員約一万二〇〇〇人、馬匹約一六〇〇頭の規模で、戦時編制になるとそれぞれ約二万五〇〇〇人、約八〇〇〇頭にまで膨張する。第二〇師団で行なわれた充足人馬動員は、この平時編制を充足させるもので、動員が完結した時の戦力は戦時編制の五割程度と見積もられていた。第五師団と第六師団で行なわれた応急動員は、戦列部隊（後方諸隊に対する戦闘部隊）を戦時編制にするレベルのもので、現役兵と応召兵の割合は一対一、その戦力は戦時編制の八割程度とされていた。第一〇師団で行なわれた本動員は、フルの戦時編制にすることだ。

動員を軍事戦略の基本としていた日本陸軍は、その平時の姿は手薄なものだった。昭和十二年頃における歩兵連隊は、三個大隊で小銃中隊九個、機関銃中隊三個を基幹としていた。

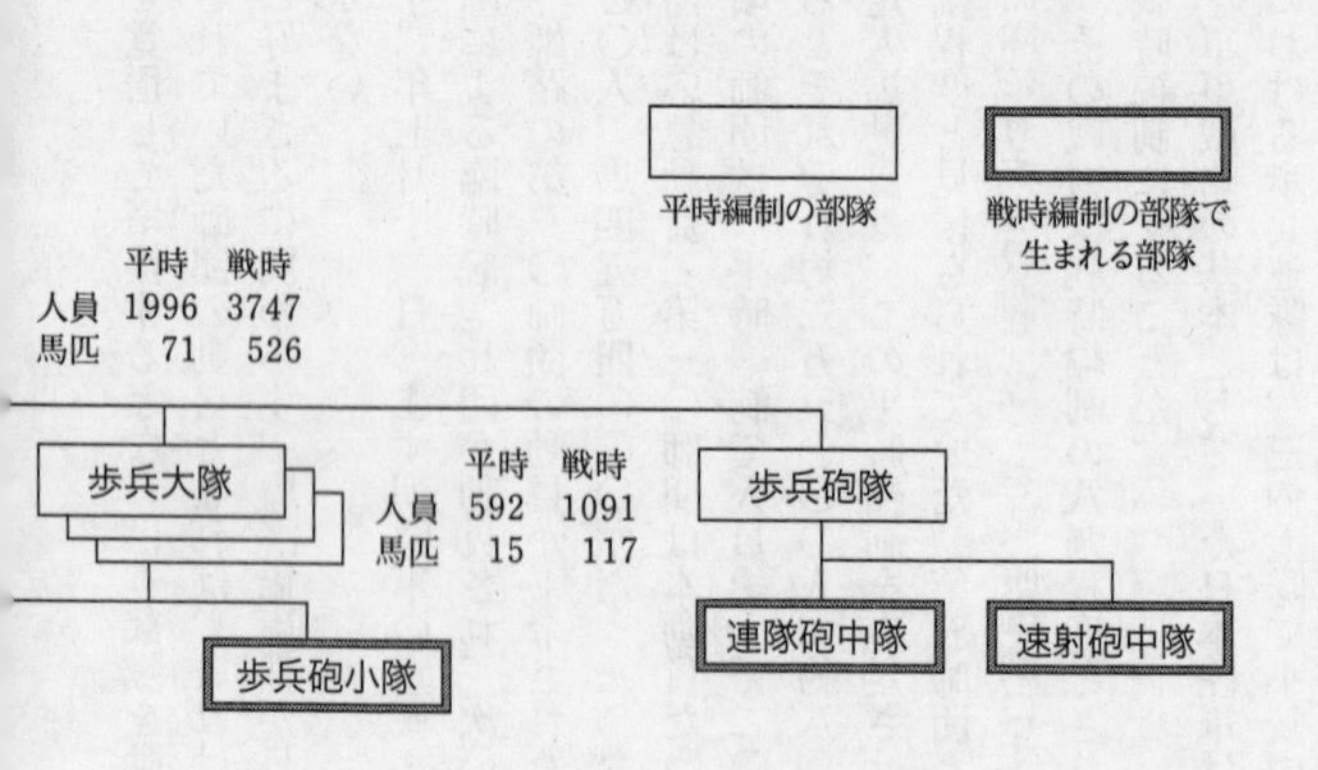

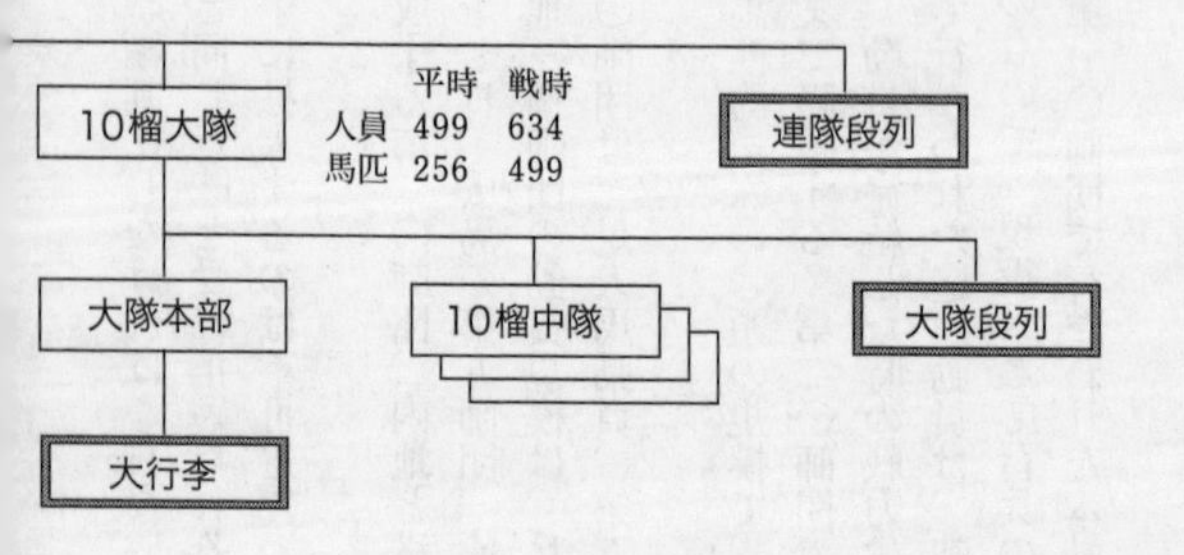

(『近代戦争史概説資料集』陸戦学会編)

師団の平時／戦時編制の概要（昭和12年度動員計画）

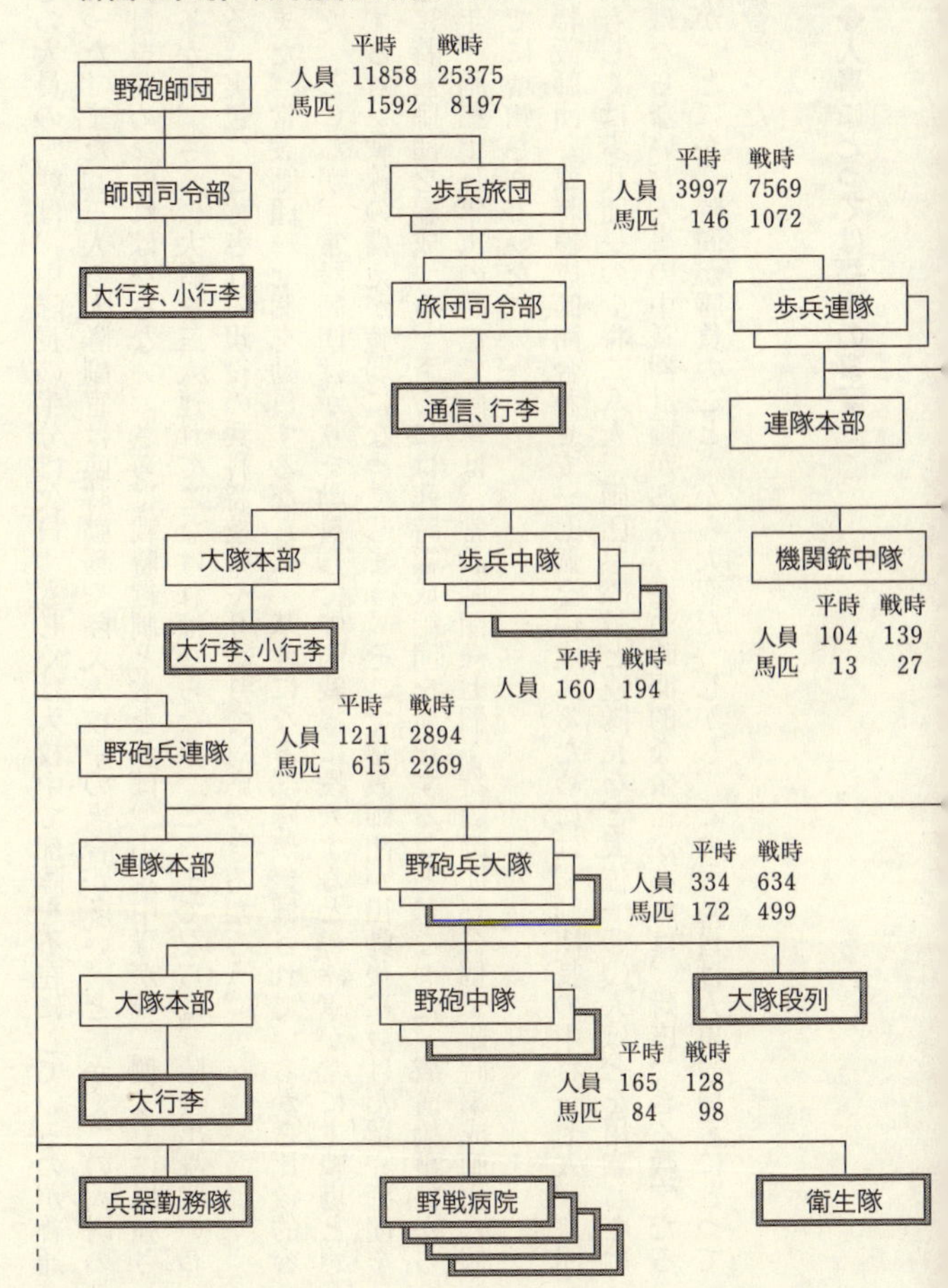

その人員の実態は、中隊長の半分は欠員、もしくは入校中で部隊を不在にしているのが普通だった。また、三人の大隊副官は臨時勤務や陸大入校中の場合が多い。とにかくこの大尉の欠員を埋めなければならない。さらに戦時編制ともなれば、小銃中隊が一二個までに増強されるから、さらに大尉を三人連れてこなければならない。ここまでならば、陸士出身、いわゆる〝実包〟と称される現役の兵科将校のやり繰りで対応できるだろう。

また、常設師団一七個を動員するならば、基幹になる部隊が整備されているから比較的容易だ。ところが、常設師団ばかりを動員して中国戦線に投入すると、陸軍が常に主戦場と想定する対ソ戦線の備えが脆弱になってしまう。そこで常設師団が出動後に設けた留守師団を基に特設師団を編成する、さらには臨時編成師団を新編することになった。盧溝橋事件から一年、昭和十三年末の時点で陸軍は、常設師団一七個、特設師団一一個、臨時編成師団六個までに増強されていた。

特設師団と臨時編成師団合わせて一七個を編成するためには、師団長の中将一七人、旅団長もしくは歩兵団長の少将二八人、師団参謀長と連隊長など大佐一〇〇人ほどを用意しなければならない。人事の中長期計画があり、かつ時間的な余裕があれば、対応できる数字だろうが、とにかく時間が勝負のことだから大変だ。しかし、この大動員は人事当局者にとって福音だった。

◆人事にとっては福音の事変

前述したように二・二六事件後、復活待命という約束手形で辞表をとりまとめたが、召集という形で手形を落とせることになった。人事当局者はほっと一息といったところだ。また、毎年三月に現役、予備役に令達していた戦時職務も、ようやく役に立ったことも満足できることだったろう。二・二六事件で心ならずも予備役編入となった者が、一年ほどで召集され、誰もが勇み立って出征したのだ。そんな熱気が支配する雰囲気の中で、いくら正論の不拡大方針を叫んでもかき消される。

特設師団として東京で編成された第一〇一師団の師団長は、陸士一四期の伊藤政喜となった。二・二六事件当時、伊藤は名古屋の第三師団長だったが、豊橋の教導学校から反乱将校を出したからか、彼は在任一年半ほどで待命、予備役編入となった。その下の二人の旅団長は、二・二六事件当時、歩兵第一旅団長、同第二旅団長で予備役に編入された佐藤正三郎と工藤義雄だった。二・二六事件で人生が暗転した三人だったが、召集されて出征し、南京攻略戦の檜舞台に立ち、金鵄勲章功三級に輝いた。

二・二六事件時、歩兵第一連隊長だった陸士二〇期の小藤恵は、補任課長時代から過激な青年将校を甘やかしたと批判されていた。それでも召集されて特設師団の第一八師団の参謀長として出征した。その後、参謀本部第四部長（戦史）となって少将に進級している。支那事変がなければ考えられないことだ。二・二六事件中、第一師団長としてどうにも腰が定まらなかったと非難された堀丈夫も、支那事変が始まるとすぐに留守航空兵団長を拝命している。

台湾軍司令官だった柳川平助は、皇道派の重鎮ともいわれたためか、また年齢もあったのか、昭和十一年九月に予備役編入となった。ところがどういうことか、十二年十月に召集となって第一〇軍司令官に補され、杭州湾に上陸して上海戦線の膠着状態を打ち破った。それほど有能な将軍ならば、どうして軍事参議官にして残しておかなかったのか、これもまた人事の不手際と言える。

また、桜会の首領、橋本欣五郎は三島の野戦重砲兵第二連隊長を最後に予備役に編入された。これまたすぐに召集され、上海戦線の野戦重砲兵第一三連隊長として出征したが、南京攻略戦の最中、英砲艦レディーバードを砲撃したとかで召集解除になっている。

◆予備役将官までが気負い立った時勢

支那事変の拡大によって、日本の社会全般に戦時気運が漂い、軍人の間では現役、予備役、後備役（昭和十六年十一月廃止）を問わず出征熱が高まった。前述したように、盧溝橋事件からわずか一年で戦略単位の師団が二倍になったのだから、軍人の誰もに一つ上、二つ上のポストにつける可能性が生まれた。当然、それに伴って進級も早まる。こうなると、この中国との戦争が日本の将来にどのような影響を及ぼすのかと冷静に考える心の余裕が軍人の間からなくなる。このような理性をまどわせる熱気というものを知らないと、支那事変を巡る問題は理解できないはずだ。

そんな熱気に煽られて、〝よし、やるぞ、任せておけ〟とまず気負い立ったのは、歩兵連隊の連隊付中佐だった。昭和十二年頃、各歩兵連隊には、付もしくは定員外として中佐が三、四人いた。そのうち一人は特設連隊長、また一人は補充隊長との戦時補職が令達されていた。そんな戦時補職など空手形、中佐の定年五三歳まであと何年と指を折っていたところに動員下令、急に明るい未来が開かれたのだ。二〇〇〇人ほどいた学校配属将校も張り切る。冷や飯を食わされてきたが、連隊長も夢ではなくなったのだから、これを喜ばない人はいない。

四〇代後半からの佐官が動員の報に色めき立つ気持ちはよく分かる。しかし、六〇代になろうとしている退役将官ならば達観して、泰然としていたかと思えばそうではなく、若い者以上に興奮してしまった。現役将官のプールが貧弱で、すぐさまそれを埋めなければならないはずだから、早くお声が掛からないかと焦り出したのだ。

柳川平助

昭和十年代の動員計画令によれば、最大で方面軍司令部二個、軍司令部八個、常設師団一七個、特設師団一三個を動員することになっていた。対中作戦では、華北に方面軍一個と軍二個、華中に軍一個を投入する予定だった。対ソ作戦では、方面軍一個と軍四個と想定していた。これが同時並行的に行なわれても、司令官は軍事参議官としてプールしている現役将官で足りるとされていた。

ところが昭和十一年三月、二・二六事件の道義的責任を取る形で、大将で専任の軍事参議官四人が予備役に入ってしまった。それからも軍事参議官の補充が進まず、盧溝橋事件当時の専任軍事参議官は、大将の梨本宮守正、中将の中村孝太郎、朝香宮鳩彦、東久邇宮稔彦の四人だけだった。これでは現役将官だけで高級司令部の司令官は埋められない。そこで予備役将官の召集となるはずだと、大将、中将でも落ち着いていられなくなったわけだ。

特に方面軍司令部は、建軍以来、初めて編成されるものだから、その司令官となれば国軍史に名を残せると誰もが望むポストだ。昭和十二年度の戦時補職の令達には、阿部信行大将を召集の上、方面軍司令官に補するとなっていたようだ。阿部にとっては名誉この上ない話だし、彼には特別な事情があった。阿部は重砲兵（要塞砲）の出身で、日露戦争中は長崎で勤務し、それからも出征の機会がなく、珍しく金鵄勲章を持たない陸軍大将として知られていた。巡り合わせだから、そんなに気にするなといえるのは他人だからで、本人はそう思っていない。ここで方面軍司令官として出征すれば、金鵄勲章功一級間違いなしと、阿部は勇み立った。

ところが昭和十二年八月末、北支那方面軍が編成されると、司令官は阿部信行ではなく、教育総監だった寺内寿一があてられた。この司令部は新編されたものではなく、すなわち動員されたのではなく、旧来の支那駐屯軍司令部を第一軍司令部と第二軍司令部に分け、さらに北支那方面軍司令部に改編したものだから、予備役将官を召集してあてることはしないで、現役を持ってきたと説明されているが、どうにも分かりにくい話ではある。

おそらく阿部信行は、有力な首相候補とされていたので召集されなかったのだろう。事実、彼は昭和十四年八月に首相となっている。しかし、軍装品まで買いそろえていた本人としては、どうにも収まらない。杉山元陸相に直談判して当たり散らし、これをなだめるのに周囲は往生したという。政治性に富み、冷静な軍政屋として知られる阿部にしてこの有り様、当時、どれほどの戦争熱が陸軍を支配していたのか想像がつく。

◆支那事変がもたらした有形、無形の利益

大将すらも人手不足に悩んでいたのだから、とにかく人数が必要な末端、第一線指揮官の手当は大変だ。特に戦術単位を操る少佐の大隊長が問題だ。支那事変当初、大隊長は陸士二〇期代後半の者が主体だったが、すぐにも採用人員が少なくなる三〇期代に入る。大尉の先頭グループと末尾とは、少佐進級に四年の差を設けていたが、そんな人事管理では間に合わず、どしどし進級させるほかない。

阿部信行

後述することになるが、現役将校の進級には実役停年という定めがあった。ある階級で一定期間勤務しなければ、進級できないという制度だ。大尉を四年、しかも尉官の時に三年以上、部隊勤務しなければ少佐進級の資格が得られない。佐官の場合、二年以上の部隊勤務をしなければ少将には進級できない。ところが、〝戦時もしくは事変の際にはこの限りに非ず〟との但

し書きがあったので、これを活用してインフレ人事が強行された。

少佐の実役停年は三年だったが、支那事変中には二年に満たないで中佐に進級した者も、省部のエリートでは珍しくなかった。大東亜戦争開戦時の陸軍省軍務局長、武藤章は昭和十一年八月に大佐進級、そして十六年十月には中将となっていた。大佐から中将まで五年三ヵ月、実役停年そのまま一直線で進級したことになる。こんな良い思いをした陸士二五期生は武藤一人ではなく、青木重誠、西原一策、山内正文、田中新一らがいたのだから、支那事変は出世の絶好な機会となったことがよく分かる。

そして前の期の一選抜を追い抜いてはいけないのだから、全体をインフレにしなければならない。このインフレ進級で困る人はいない。誰もが大歓迎だ。これが当時よく語られた〝草冠の将官〟、その心は蔣介石のお陰で将官になれた〝蔣官〟だ。無能な将官の部下になった者は災難だが、巡り合わせが悪かったその人もインフレ人事の恩恵に与っているのだから、そう大きな顔はできない。

天職意識が強いのが軍人だから、金銭についてはほとんど口にしない。しかし、階級が上がれば昇給するし、俸給とほぼ同額な戦地加俸も邪魔にはならない。さらに恩給の査定に使われる勤務年限にも戦地加算がある。年金付の金鵄勲章をものにする機会が与えられるのも歓迎すべきことだ。当時、金鵄勲章功一級の年金は一五〇〇円、功七級で一五〇円だ。金の話などはしたないとはいうものの、これにからむ話はいくらでもある。

例えば台湾が事変地かどうかでもめた。事変地に対する諸給与を適用するかどうかが問題だった。結局、台湾から大陸爆撃に出撃しているのだから、ここも事変地となり、戦時に準じた諸給与を支払うということに落ち着いた。これに困るのは、軍事課の予算班と大蔵当局だけ、あとは大歓迎だ。

手当の問題はさておき、人事も大変なことになりつつあった。事変の拡大に応じて大抜擢人事を全軍規模で推進するとなると、興味深いことにそこに人事当局者の恣意が入ってくる。それまでの学歴主義や年功序列では、やっていられない。そもそも実役停年を事実上無視するのだから、年功主義ではなくなる。陸大の成績はもちろん、天保銭だ、無天だのといっていたらポストが埋められない。では能力主義か、成果主義の人事をやるのかといえば、それに必要な判定資料がなかなか集まらない。そこで噂によるとかの恣意的な判定が幅をきかす。そうなると、人事当局者が恐れられ、陰で誰もが人事屋横暴と憤ることになる。

さて、大東亜戦争開戦時の昭和十六年十二月現在、陸軍の陣容は野戦軍司令部一九個、野戦師団五一個、留守師団一〇個までにふくれ上がっていた。国防方針で戦時五〇個師団もしくは四〇個師団と定められていたものの、それは日本の国力から見て無理だと語られていたのに、呆気なくその数字を超えてしまったのだ。

もし、どこかで日中和平が形になったとしたならば、どうやってこれを縮小し、平時体制に移行しようと考えていたのか、寡聞にして知らない。インフレ人事によって思いもよらなかった高い階級と地位についた者が、降格や退役を迫られたらどう動いたか想像もつかない。この処置を誤ると、陸軍そのものが解体する、クーデターが起きる、ソ連に矛先を向けるなど、いろいろと推察できるだろう。どれも大変な事態で、ならば支那事変を続けていた方が無難だという乱暴な結論に至ってしまう。実際、そういうことになったともいえるのではなかろうか。

開戦と終戦、決意の人事

◆開戦決意を示した東条陸相の登場

日本が米英を新たな敵とする戦争に踏み切る決心を固めたのは、いつのことだったろうか。見方によってさまざまに語られるが、人事という面から見れば、昭和十五年七月二十二日、第二次近衛文麿内閣成立の時だ。陸相が畑俊六に代わって東条英機となったのだが、ここで大東亜戦争に踏み出す第一歩が記された。これは結果を知っての論ではない。

当時、軍事参議官に下がる畑俊六の後任陸相候補は、関東軍司令官の梅津美治郎と航空総監の東条英機の二人に絞られていた。閲歴からすれば、文句なく梅津となる。年次からしても、畑は陸士一二期、それが一七期の東条に飛ぶよりも、一五期の梅津に落ち着くのが順当だ。しかし、梅津は昭和十四年九月に関東軍司令官に就任したばかりだから、そう頻繁に部隊長を交替させるのはどうかということで東条陸相登場となったとされている。梅津と東条の軍歴は下記の通りだ。

年	［梅津美治郎］	［東条英機］
明30	熊本幼年入校（一期）	
31		
32		東京幼年入校（三期）
33		
34		
35	中央幼年卒業（恩賜）	
36	士官学校卒業（一五期）	
37	歩兵少尉、歩兵第一連隊付	中央幼年卒業
38	歩兵中尉	士官学校卒業（一七期）、近衛歩兵第三連隊付
39	歩兵第一旅団副官	
40		歩兵中尉
41	陸軍大学入校（二三期）	
42		
43		
44	陸軍大学卒業（首席）	
45	歩兵大尉、歩兵第一連隊中隊長	陸軍大学入校（二七期）

	参謀本部部員	
大2	ドイツ駐在	
3	参謀本部付、俘虜情報局御用掛	
4	デンマーク駐在	歩兵大尉、陸軍大学卒業
5		陸軍省副官
6	参謀本部部員	
7	歩兵少佐、奥保鞏元帥副官	
8	スイス公使館付武官	歩兵第四八連隊付、ドイツ駐在
9		歩兵少佐
10	参謀本部部員	
11	歩兵中佐	陸大兵学教官
12	軍務局軍事課高級課員	兼参謀本部部員、歩兵学校研究部員
13	歩兵大佐、歩兵第三連隊長	歩兵中佐
14		
15	参謀本部第一課長	軍務局課員
昭2		
3	軍務局軍事課長	整備局動員課長、歩兵大佐
4		歩兵第一連隊長

5	少将、歩兵第一旅団長	
6	参謀本部総務部長	参謀本部第一課長
7		
8	参謀本部付	少将、軍事調査部長
9	支那駐屯軍司令官、中将	陸軍士官学校幹事、歩兵第二四旅団長
10	第二師団長	関東憲兵隊司令官
11	陸軍次官	中将
12		関東軍参謀長
13	第一軍司令官	陸軍次官、航空本部長
14	関東軍司令官	
15	大将	陸軍大臣兼対満事務局総裁
16		首相、内務相、陸相、大将
17	関東軍総司令官	
18		兼商工相、軍需相
19	参謀総長	兼参謀総長、予備役

東条英機を陸相に推した部内の本音は、なかなか複雑なものだった。満州事変当時、参謀本部総務部長だった梅津美治郎は終始、慎重論を唱え、第二課長の今村均と共に〝石橋を叩

いても渡らない〟と評されていた。これに対して東条英機は、誰に向かってもケンカ腰になるという客気の徒で、それが積極的で進取の人と受け止めるむきが多かったから、東条陸相の誕生となった。この積極さを第一とする部内の空気そのものが対米英戦に踏み切らせる原動力となったのだから、この陸相人事が大きな節目と見ることができる。

◆〝東条人事〟の始まり

東条英機を新陸相として迎えた陸軍省は、次官は阿南惟幾、人事局長は野田謙吾、軍務局長は武藤章、兵務局長は石本寅三、整備局長は山田清一、兵器局長は菅晴次という顔触れだった。東条がまず手を付けたのは、人事局補任課の人事だった。昭和十五年八月の定期異動で、額田坦補任課長は駐蒙軍の第二六師団独立歩兵第一一連隊長に転出した。後任は参謀本部第一課長（編制動員課）の那須義雄となった。補任課高級課員の安達久は、支那派遣軍参謀に転出、後任は課内の繰り上がりで吉武安正となった。

東条英機

額田坦の補任課長上番は昭和十三年七月だったから、この辺りでの下番も納得できる。しかし、安達久は十四年十一月の上番だから、これは目に付く人事だ。そこで、こんな噂もあった。十三年五月、陸軍次官となった東条英機は、なにかと問題を起こし、参謀次長の多田駿との険悪な仲は有名だ。また同年九月、東条は部外者を集めた講演会で、日本は対中、対ソの二正面作戦を覚悟していると表明し、それが新聞にも掲載されて物議を醸したこともある。そこで東条を親補職に昇格させるという形にして、次官を辞めさせるという話になった。それを推進したのが補任課だとされ、東条は旧怨を晴らすため、まず補任課の人事に手を付けたというわけだ。

本当かどうか判然としないが、後任の補任課長が那須義雄となると俄然、復仇人事の信憑性が高まる。那須が参謀本部第一課長に上番したのは昭和十四年三月だから、翌年八月の定期異動で転属というのは自然ではない。さらに那須と東条英機の関係だ。那須が関東軍で参謀を務めていた時、その参謀長が東条だ。またこの二人、参謀本部第一課長の経験者、いわゆる総務部系統だから、気心が知れた間柄だ。だからこの人事には、東条の意図が強く働いていると見るのが自然だ。大事を前にして、まず人事部局の人事から手を付けたということになる。

東条英機による最初の大きな人事は、昭和十五年十月、閑院宮載仁に代わって杉山元を参謀総長にあてたことだ。これも対米英戦を意識した人事ともいえなくはない。だが、満州事変が一段落した頃から参謀総長の交替をという話はあったが、とにかく長老皇族の人事、加えて短命内閣が続いたため、陸相の腰がすわらず見送られてきたという事情もあった。そこで、いかにも東条らしい即断が下ったということだ。

それにしても、杉山元を参謀総長にという人事は解せない。杉山は軍事課長、軍務局長、次官、陸相という閲歴の軍政屋であって、参謀次長は務めているものの、軍令の府の長にはそぐわない。人事のサイクルから、どうしても陸士一二期からというのならば、陸大二二期首席の畑俊六がいる。畑は参謀本部第二課の勤務将校に始まり、同作戦班長、同課長、第一部長と超正統派の作戦屋だ。しかし、陸相から総長への横滑りは双方の権威にもかかわると なり、専任の軍事参議官だった杉山が参謀総長となったのだろう。慣例からすれば分からないでもないが、ここ一番、最良の人材を投入するという決意が見当たらない人事ではある。

参謀総長の異動があった昭和十五年十月、参謀本部第一部長は冨永恭次から田中新一となった。これは冨永が北部仏印進駐で現地指導した際、重大な越権行為があったとして罷免され、そのための応急的な措置だった。ところが、案外とこのような臨時の人事が長続きするようで、田中は昭和十七年十二月まで第一部長のポストに止まった。参謀本部の中枢が安定したという点は評価できるにしても、田中の第一部長は適任だったのか、そこが問題だ。

田中新一

冨永恭次

田中新一は本来、対ソ情報屋の育ちで、中央では兵務局兵務課長、軍務局軍事課長を務めている。その彼をどうして第一部長にすえたのか。罷免された冨永恭次と同期、陸士二五期生をあてないと人事が回らなくなる、カウンターパートの軍務局長が二五期の武藤章だから釣り合いを取るなどの理由があったのだろう。では、二五期の作戦屋といえば、これが意外と層が薄く、第二課作戦班長の経験がある下山琢磨ぐらいしかいない。

対米英戦を意識しなくとも、すでに支那事変を遂行中なのだから、ダイナミックな適材適所の人事が求められていたはずだ。そうであれば、支那事変の当初、参謀本部第三課長（当時は作戦課）で積極策を唱え、中支那、北支那の両方面軍の参謀副長を歴任した武藤章を軍務局長から第一部長に横滑りさせ、田中新一を軍務局長にあてるという人事があってもおかしくはない。昭和十年三月、第一部長だった今井清は人事局長に横滑りし、さらに軍務局長に上番した前例もある。

昭和十五年十二月、兵務局長の人事は誰もがいぶかしく思った。兵務局長に上番して九カ月ほどの石本寅三が仏印にあった第五五師団長に転出し、後任は第一軍参謀長だった田中隆吉となった。敗戦後、極東軍事裁判で検察側証人となって暴露証言をしたあの田中だ。先行きのことは誰にも分からないにしろ、昭和七年には上海に飛び火させた工作、十一年十一月には内蒙工作をして内蒙軍が綏遠で大敗するという不手際を仕出かした田中を、選りに選って軍の規律を扱う兵務局長にあてる神経を疑う。〝蛇の道は蛇〟の伝だとするが、それは無法集団の話のはずだ。どうしてこんな人事になってしまったのか。東条英機が関東憲兵司令官、関東軍参謀長の時、田中が関東軍司令部第二課員、さらに東条が司令官を務めたチャハル派遣兵団の参謀だったという腐れ縁に求めるほかない。

◆復活人事で恩を売る手法

昭和十六年二月、軍事課長の岩畔豪雄が日米交渉のためワシントンに派遣されることとなり、後任には支那派遣軍司令部の第一課長（作戦課）だった真田穣一郎があてられた。真田と東条英機の関係は古く、真田が陸大学生の時、東条が教官だったことから始まる。教官が優秀だった教え子を引く、いわゆるマグ（磁石）の典型的な例だ。また、真田の中央官衙勤務の振り出しが陸軍省副官で東条の経歴と同じだ。満州事変中の昭和七年八月、真田は軍事課の編制班にいたが、よく接触する参謀本部第一課長が東条だった。そして昭和十三年八月、真田は板垣征四郎陸相の秘書官兼陸軍省副官に上番するが、この時の次官が東条だった。

真田穣一郎

東条英機は、真田穣一郎を重用し続けた。軍事課長の次は軍務課長、参謀本部第二課長、そのまま第一部長に昇格という破格の扱いを受けている。東条が失脚してからのことだが、昭和十九年十二月に軍務局長というのにも驚かされる。これは昭和の陸軍で空前の軍歴だ。どうして東条はここまで真田を重用したのか謎だが、この偏向というか、偏好というか、とにかく一人に偏った人事には、眉を顰める人が部内に多かった。しかし、それは単なる陰口に終わる。人事権を握る陸相には逆らえないからだ。

軍事課長が交替した翌月、今度は軍務課長の異動があった。河村参郎が仏印にあった第三三師団歩兵第二一三連隊長に転出し、後任は南支那方面軍参謀副長の佐藤賢了となった。昭和十三年三月、衆議院における国家総動員法案の審議に際して野次に苛立ち「黙れ」と怒号したあの佐藤だ。佐藤と東条英機の関係だが、佐藤が陸大三七期にいた時の教官のひとりが東条だ。ここでもまたマグだ。

佐藤賢了は陸大卒業後、整備局統制課の勤務となったが、同局の動員課長が東条英機だった。そして東条が次官になると、佐藤を陸軍省新聞班長兼大本営報道部長に抜擢した。東条次官を更迭されると、佐藤も浜松の航空学校教官に飛ばされた。ボスに殉じるとは殊勝なことと、東条が陸相になると軍務課長として中央に返り咲いたということになる。東条と佐藤の関係は、真田穣一郎よりも濃密だったといえよう。

昭和十六年度に入ってすぐ、とかく東条英機陸相と折り合いが悪かった阿南惟幾次官が華中の第一一軍司令官に転出し、後任は関東軍参謀長の木村兵太郎となった。彼は砲兵監部や野戦砲兵学校の勤務が長く、陸軍省では整備局統制課長、兵器局長と兵器行政畑の人だった。それがなぜ次官なのか。明るく積極的な人柄を買われたというが、やはり東条と同じく関東軍の参謀長を務めたことが関係している。

さて、この昭和十六年四月、いわゆる東条人事というものを確立することになる人事局長の異動が行なわれた。十四年十二月以来、好評の人事局長だった野田謙吾が支那派遣軍総参謀副長に転出し、後任には公主嶺戦車学校長の冨永恭次があてられた。前述したように冨永は、北部仏印進駐に際して重大な越権行為があり、それで第一部長更迭となり公主嶺に飛ばされていた。それを七ヵ月後に人事局長として中央に呼び戻したのだから、どうしてそんな人事をと疑問に思うのが当然だ。それへの答は簡単だ。

二・二六事件後の粛清人事で、冨永恭次は参謀本部庶務課長代理として辞表の取りまとめなどの実務に当たり、それを東条英機は恩人の永田鉄山の仇を討ってくれたと感じたのだ。そして関東軍では、東条参謀長と冨永第二課長というコンビが一年続いた。さらにうがって見れば、懲罰人事で左遷された者は、復活させてくれた人に忠勤を励むという人の心の機微を東条は知っていたということだろう。

人事部局に対する東条英機の施策は念が入っている。昭和十六年十月、補任課長在任一年半の那須義雄を南方に向かう第一八師団歩兵第五六連隊長に転出させ、後任に岡田重一をあてた。岡田は本来、作戦畑の人で、参謀本部庶務課長、同第二課長と歩いて補任課長に上番した。なぜ東条と冨永恭次は、このような変則的な人事をしたのか。東条が関東軍参謀長の時、その下で第一課作戦主任をしていたのが岡田だったからだ。また、関東軍参謀、参謀本部庶務課

木村兵太郎

長、同第二課長と冨永と同じような人事の帯にあったからとも思える。

東条英機ならではの、左遷された者を復活させて恩を売るという手法は、参謀本部第二課長の異動にも見られる。昭和十四年のノモンハン事件を巡る問責人事で、予備役編入か免官かとすれすれまで追及された服部卓四郎と辻政信の大復活人事だ。

服部卓四郎は、陸士三四期で秩父宮雍仁と同期、陸大四二期恩賜、参謀本部第二課の勤務将校を振り出しに、第三課員（作戦・編制動員課）、関東軍第一課作戦班長と作戦屋の大道を歩いてきた人だ。大東亜戦争開戦を控えて、昭和十六年七月に第二課長の要職に上番すること自体に疑問はない。しかし、ノモンハン事件の問責人事で十四年九月に歩兵学校に飛ばされたことも事実だ。にもかかわらず、一年少々の謹慎で第二課作戦班長として復活、次いで第二課長という人事はどうにも理解できない。

さらに不可解なのは、ノモンハン事件当時に服部卓四郎の下にいた辻政信の処遇だ。ノモンハン事件中、専横どころか人間性に問題ありとまでいわれた辻だが、どうにか首だけはつながり、まず華中の第一一軍、次いで支那派遣軍総司令部、台湾軍と外回りさせられたものの、昭和十六年七月に参謀本部第二課兵站班長として中央部に躍り出てきた。こうなると、なにを仕出かしても積極的ならば許されるどころか、それが栄達の条件なのかといぶかしく思う。とにかく、信賞必罰という観念そのものが抜け落ちている。

大東亜戦争に向けての中枢部の陣容は、このようにして形になった。冒頭で紹介したアルバート・ウェデマイヤーの言葉のように、東条英機が自分の司令部を己の色で染め上げようとした気持ちはよく理解できる。しかし、そこで問題は、確固たる目的意識を持っての人事だったかだ。目的も曖昧なまま、ただ自分の好みの人間を集め、それからさてどうしようかと悩んでいたのが東条の姿だった。

さらなる問題は積極的というのが共通項の人が集まると、明確な指針が与えられない限り、そこに群集心理が働くようになる。闇雲という表現が適していると思うが、目をつぶって戦争突入ということになってしまったように思えてならない。もちろん積極的なことは結構だが、そこに適宜「守成の者」を配さないと、組織は暴走し、ついには瓦解する。

◆南方作戦に向けての高級人事

乾坤一擲、東条英機の表現を借りれば〝清水の舞台から飛び降りる〟覚悟で南方資源地帯に打って出た、それが大東亜戦争の始まりだったとされる。しかし、それは国運を賭しての

服部卓四郎

辻 政信

全力投入ではなかった。少なくとも陸軍に限っていえば、あくまで主力は作戦中の支那派遣軍で、次いでソ連に備える関東軍、そして南方軍だったことは数字によって証明できる。

昭和十六年十一月末現在、日本陸軍は五一個師団基幹だった。これを内地に二個、朝鮮に二個、満州に一三個、中国に二二個配置して、南方に一〇個を向けた。南方には二〇パーセントの戦力ということになる。なお香港攻略には、支那派遣軍から二個師団を回している。

南方での兵站に不可欠なトラックだが、軍や方面軍直轄の自動車部隊は全軍で二八〇個中隊(一個中隊平均三〇両装備)、うち三〇パーセント、九〇個中隊相当を南方軍に回した。一五一個中隊を擁していた航空部隊のうち、四六パーセントの七〇個中隊を南方に向けた。地上弾薬の一六パーセントが南方向けとされていた。

南方一帯に配備されている連合軍の静的戦力から判断すれば、これで制圧できると考えられたのだろう。形而下の戦力集中がこの程度ということは、形而上の戦力、すなわち人事面でも全力投球ではないとなるはずだ。

昭和十六年十一月六日、大陸命第五五五号で南方攻略部隊の戦闘序列が発令された。また同日、大陸命第五五七号で香港攻略の準備が発令されている。これらによる主要な高級人事は左記の通りとなった(開戦時)。

◎南方軍総司令部
総司令官　寺内寿一大将　軍事参議官より

総参謀長　塚田攻中将　参謀次長より
総参謀副長　青木重誠中将　習志野学校長より
総参謀副長　阪口芳太郎中将　第四飛行師団長より
◎第一四軍司令部　フィリピン攻略
司令官　本間雅晴中将　台湾軍司令官より
参謀長　前田正美中将　台湾軍付より
参謀副長　林義秀少将　台湾軍南方研究部員より
◎第一五軍司令部　ビルマ攻略
司令官　飯田祥二郎中将　近衛師団長、第二五軍司令官より
参謀長　諫山春樹少将　東部軍参謀長、第二五軍参謀長より
参謀副長　守屋精爾大佐　野戦重砲兵第二連隊長より
◎第一六軍司令部　ジャワ攻略
司令官　今村均中将　第二三軍司令官より
参謀長　岡崎清三郎少将　参謀本部付より
参謀副長　原田義和少将　奉天特務機関長より
◎第二五軍司令部　シンガポール攻略
司令官　山下奉文中将　関東防衛司令官より
参謀長　鈴木宗作中将　参謀本部付より

参謀副長　馬奈木敬信少将　軍務局付より
◎第二三軍司令部　香港攻略、支那派遣軍
司令官　酒井隆中将　留守近衛師団長より
参謀長　栗林忠道少将　騎兵第一旅団長より
参謀副長　樋口敬七郎少将　南支那方面軍参謀副長より

この人事は、冨永恭次人事局長が原案を作成し、東条英機陸相、杉山元参謀総長、山田乙三教育総監が同意したものだ。ところで、どのような考え方でこの人事が行なわれたか寡聞にして知らない。誰もが「人事はひとごと、他人事」とその背景を探ろうとはしなかっただろうし、知ったからといってどうにかなるものでもない。軍司令官、参謀長に選ばれた者としては、なにか一言あっても、それを口にするわけにもいかないし、まして代えてくれとはいえないのが軍人としての基本的な嗜みだ。ともかく日本陸軍の人事を考える場合、非常に興味が湧くケーススタディーなのだから、あえて推察を交えて考えてみたい。

まず、南方軍総司令官に選ばれた寺内寿一だ。実父、寺内正毅の七光り、長州閥の残照という印象が一般的だろう。また、昭和八年六月に起きた兵士と警察官の揉め事、ゴーストップ事件で警察と衝突した大阪の第四師団長が寺内だったから、戦後の評価はさらに下がる。しかし、二代目らしく鷹揚で、金銭にきれい、人を集めてご馳走するのが好きな人で、仕えやすい上司と部内の評判が良かったのも事実だ。

なんであれ、寺内寿一は陸士一一期生、当時六四歳、臣下で最先任将官なのだから、世界を舞台とする南方軍総司令官就任はおかしなことではない。なお、寺内は昭和十八年六月、杉山元、海軍の永野修身と共に元帥府に列し、終身現役となる。さらにいえば、彼は伯爵だから、イギリス相手の戦争では、爵位がものをいう場面もあるだろう。実際、南方における日本の降伏は、寺内伯爵が英軍のルイス・マウントバッテン公爵に対するという高貴な形になった。

また、寺内寿一は気にもしていなかっただろうが、寺内正毅と東条英教の険悪な関係を知る者の間では、また別な見方をしていたはずだ。東条英機は寺内を敬遠して、この人事になったというものだ。その家柄なのか、それとも人柄なのか、政局が動くたびに、首相候補に上がったのが寺内だった。これを抑えるため、彼を南方軍総司令官に祭り上げ、中央から遠ざけたという見方も、まんざら的外れではない。

寺内寿一

塚田 攻

南方軍総参謀長は、陸士一九期で参謀次長から転出した塚田攻だ。彼が満州にあった第八師団長から参謀次長に上番したのは昭和十五年十一月だった。南方進攻作戦の立案に心血を注いだのだから、その成果を形にして見せてくれと、檜舞台に立たせたという美談になる。しかし実際は、参謀本部第一部長の田中新一との折り合いが悪く、杉山元参謀総長と東条英機陸相は田中を買い、武骨一点張りの塚田を南方に出したのではないかとも語られている。

◆軍司令官の人選

南方軍総司令部の人事よりも、重要なのは第一線を担う軍司令官とその幕僚だ。とにかく複数正面での連続作戦だから、軍司令部相互に信頼感がなければならない。軍司令官を先任順に見ると山下奉文が陸士一八期、今村均と本間雅晴が一九期、飯田祥二郎と酒井隆が二〇期だ。陸士一期違いというのは、勤務がすれ違いになって案外と疎遠なものだ。見習士官の時に世話になるということで、むしろ二期、三期違いの方が親密になる。ただこの五人、今村は陸大二七期の首席、本間は二七期の恩賜、飯田も二七期だ。山下は陸大二八期の恩賜、酒井も二八期だ。従ってこの五人の人間関係は三〇代前半から始まっており、意志の疎通にも問題はなく、まして仲たがいしたという話も聞かない。

これほどのエリートになると、意外と勤務上のクロスがない。山下奉文が軍務局軍事課長の時、本間雅晴が陸軍省新聞班長というのが目に付くぐらいだ。ちなみにその頃は、山下より本間の方が部内外で有名人だったそうだ。前述したように彼と田村怡与造、鈴木荘六との関係が目を引いたのだろう。

この軍司令官五人を色分けしてみよう。山下奉文は軍務局育ちの軍政屋、本間雅晴は参謀本部第二部育ちの情報屋、今村均は参謀本部第二課長をしているものの、本来は軍務局育ちの軍政屋だ。飯田祥次郎は歩兵学校の教官もした訓練畑の人だ。酒井隆は、参謀本部第五課長をやった生粋の中国屋だ。参謀本部第一部育ちの作戦屋がいないのは不思議だが、軍という単位を動かすとなると、眼目は兵站となるから、管理という面からして軍政屋の方が慣れているとはいえるだろう。

本間雅晴

人事管理の手法の一つに学歴主義があるが、それからすれば、山下奉文、今村均、本間雅晴の三人はベストメンバーだ。陸大の卒業成績上位六人がいわゆる〝恩賜の軍刀組〟だが、これをシニアの中将からすぐ三人集めるとなると大仕事だ。そんな貴重な人は、上司がなかなか手放さないし、大事にもされて、なにが起きるか分からない第一線には回さないものだ。それがすぐに集まったということは、この三人は動かしやすい外回りをしていたことを意味する。

常に大物と語られてきた山下奉文にしても、二・二六事件時に陸軍大臣告示の原案を作成したことがたたって、それからは常に外回りだった。昭和十五年七月、山下は東条英機の後任として航空総監兼本部長となって中央にカムバックかと思いきや、半年もたたないうちに遣独視察団長となって東京を離れ、続いて新京で新設された関東防衛司令官に転出した。のちのことになるが、シンガポール攻略後、山下は東京に凱旋することなく、牡丹江の第一方面軍司令官となり、昭和十九年九月に死地となるフィリピンの第一四方面軍司令官に異動した。山下を東京に置くなという大きな力が働いていたとしか思えない。

本間雅晴は歩兵第一連隊長を下番して少将、すぐに和歌山の歩兵第三二旅団長と順風満帆で進んでいた。ところが、支那事変突発直後に参謀本部第二部長に上番すると風向きが変わってきた。中国の兵要地誌はまったく当てにならないということで、その責任は第二部にあると突き上げられる。また昭和十二年十月、第二部に新設された第八課（謀略課）による対中工作も成果が上がらない。中国屋でもない本間を非難しても仕方がないにしろ、責任者であることには違いない。また、カンバレーの英陸軍大学卒業という経歴から、親英派と見られて損をしている。そして本間は中将進級と共に天津で新設された第二七師団長に転出、続いて台湾軍司令官となって、その流れでフィリピンに向かう第一四軍司令官となった。

今村均は、大佐の頃から不当ともいうべき扱いを受けてきた。満州事変の当初、慎重な姿勢が消極的、挙事の邪魔をしたということで疎外されたのだ。今にして思えば、今村の姿勢が正しいのだが、それが通るような日本ならば大東亜戦争にまで突っ走らなかっただろう。それからの今村は、習志野学校（化学戦教育）や歩兵学校の幹事と、陸大首席の者の扱い方ではない。さらに第五師団長として華南の南寧作戦という難戦を指揮することにもなった。そのいた場所から第二三軍司令官となり、引き続いて南に向かって第一六軍司令官となった。

大東亜戦争の緒戦、シンガポール、フィリピン、インドネシアへの進攻作戦は成功して、戦略目的の南方資源地帯を制圧したのだから、軍司令官三人の名前は今日なお語り継がれている。結果オーライでこの人選はベストとするのは、歴史を考察しているとはいえない。この司令官人事は熟慮に熟慮を重ねたものかと思えば、前述したような経緯があったのだ。単に異動させやすいシニアの中将をあてた、さらには人数が多くて困っていた陸士一八期と一九期をまずトップから棚卸ししたという雰囲気すらうかがえる。

軍司令官の人事には、それぞれ疑問の点はあるにせよ、軍司令部の幕僚は選び抜かれていた。特に主攻中の主攻、シンガポールを目指してマレー半島縦断一〇〇〇キロに挑む第二五軍司令部は充実しており、大東亜戦争中で最強の軍司令部だった。その陣容は左記の通りとなる（開戦時）。

［第二五軍司令部］

参謀長　鈴木宗作中将　参謀本部第三部長（運輸通信）、参謀本部付より

参謀副長　馬奈木敬信少将　軍務局付、タイ・仏印国境画定委員より

高級参謀　池谷半次郎大佐　参謀本部第一〇課長（船舶課）より

作戦主任＝辻政信中佐（参謀本部第二課兵站班長より）、航空主任＝西岡繁中佐（北支那方面軍参謀より）、情報主任＝杉田一次中佐（参謀本部第六課欧米班長より）

参謀＝国武輝人少佐、林忠彦少佐、朝枝繁春少佐

高級参謀　山津兵部之助大佐
参謀＝本郷健中佐（鉄道）、解良七郎中佐（船舶）、堀内秀生少佐（航空）、加藤昌平
少佐（後方）、橋詰勇少佐

山津大佐以下は後方司令部で、これを用意した軍は中国戦線で主力となった第一一軍ぐらいだろう。そして陸大恩賜を五人も集めたとはたいしたものだ（鈴木は首席、恩賜は池谷、辻、国武、朝枝）。初めての本格的な渡洋作戦から引き続く縦深突破、そしてシンガポール要塞攻略と緊張しきった当時の雰囲気がうかがえる司令部の陣容だ。

充実した第二五軍司令部だが、問題があるとすれば司令官の山下奉文とのマッチングだろう。この司令部の編成について、山下には一言も意見を述べる機会が与えられていなかった。山下への内示は十一月五日、八日に東京に入り、そこで司令部の職員表を見せられ、司令部一同の顔合わせは同月十五日、サイゴンに入ってからだった。山下ほどの実力者ですら、全くあてがいぶちの人事で満足しなければならなかったのだ。そのあたりに高級司令部の問題点があったのだが、これについては最後の第Ⅳ部で考えてみたい。

◆東条の退陣と梅津の登場

昭和十九年六月十五日、米軍はサイパンに上陸を始めた。絶対国防圏のど真ん中に大穴を開けさせてはならじと、陸海統合によるY作戦で奪回することとなった。この旨を東条英機

と嶋田繁太郎は共に総長の立場で上奏した。ところが六月十九日からのマリアナ沖海戦で日本の機動部隊は壊滅し、Y作戦は断念せざるを得なくなった。

上奏までしながらこの失態はなんだとなり、反東条勢力は勢い付いた。昭和十九年二月以来、東条英機と嶋田繁太郎は、陸相と参謀総長、海相と軍令部総長を兼ねていたが、これは軍令と軍政の混交だと衝いた。そのため東条は参謀総長、嶋田は軍令部総長の職から身を引くこととした。この弱気を見て重臣を中心とする反東条勢力は追い打ちを掛け、昭和十九年七月十八日、東条内閣は総辞職となった。

東条英機が参謀総長を辞任する際、後任は高級次長だった後宮淳の昇格とされ、内奏まで済んでいた。ところが参謀本部第二課長の服部卓四郎は、参謀本部の総意として後宮の総長は受け入れ難く、支那派遣軍総司令官の畑俊六、もしくは関東軍総司令官（昭和十七年十月以降、総司令官）の梅津美治郎のいずれかにしてもらいたいと冨永恭次次官・人事局長事務

後宮 淳

梅津美治郎

取扱に申し入れた。いくら作戦中枢を握る服部でも一介の大佐にすぎず、それが大将人事に介入したのだから、背後に大きな力が働いているはずだ。

結局、七月十七日に参謀総長は梅津美治郎の旨、内奏をし直す異例な事態となった。梅津と畑俊六の閲歴を見れば、畑の総長、梅津の陸相が順当なところだ。急いで梅津を総長に持ってきたには、東条英機なりの計算があった。この時点では、東条は内閣改造で乗り切ろうとしていた。しかし、既に後継首班について語られており、有力な候補として寺内寿一と並んで梅津の名前も上がっていた。寺内は作戦遂行中だからはずせないとすればよいが、梅津にはその手が使えない。そこで、まえもって梅津を参謀総長にしておけば良いという心算だった。

東条内閣は総辞職となったものの、東条英機は次期内閣でも陸相に留任を望んでいた。この件につき、東条陸相、梅津美治郎参謀総長、杉山元教育総監の三長官会議が開かれた。その席上、梅津は東条の陸相留任について「そうすれば部外から陸軍が破壊される」とまでいって強く反対し、後任陸相として第二方面軍司令官の阿南惟幾、もしくは第一方面軍司令官の山下奉文を推した。東条はこれに強く反発し、自分の留任を訴えていたが、その席に後継内閣は小磯国昭と米内光政の連立という連絡が入った、米内と聞いて東条はすべてを諦め、杉山元の陸相、教育総監代理は野田謙吾と決まった。

ここで世界に目を転じてみよう。一九四四(昭和十九)年六月、連合軍はノルマンディー上陸のオーバーロード作戦(六日から)、白ロシアでドイツ中央軍集団を包囲するバグラチオン作戦（十三日から）、そしてマリアナ諸島攻略のフォーレージャー作戦（十五日から）と三正面で同時に大攻勢に出た。枢軸国としては対応できない情況だが、一九四三年一月のカサブランカ会談で連合国は無条件降伏しか受け付けないとしている。これはなんとも耐え難いことだが、どういう形であれ和平への道を探る時期にきていると認識せざるを得ない。そんな動きの一つが、ドイツでは一九四四年七月二十日のヒトラー暗殺未遂事件、日本ではこの東条英機の退場と梅津美治郎の中央復帰だ。

梅津美治郎の参謀総長就任が、なぜ日本が和平へと舵を切ったかを示唆するのか。それは梅津がこれまでこなしてきたさまざまな仕事の性格が、ある一点で共通しているからだ。それは「後始末」だ。彼は大正十五年十二月から昭和五年八月までの間、参謀本部第一課長と軍務局軍事課長だった。ここでの仕事は、大正十四年五月の軍備整理、すなわち四個師団を廃止した宇垣軍縮の後始末だった。

満州事変の直前、昭和六年八月の定期異動で梅津は参謀本部総務部長に上番した。そしてすぐに事変の善後措置に奔走することとなる。そして昭和九年三月から支那駐屯軍司令官となり、同十年六月には国民政府の諸機関を河北省から撤収させる梅津・何応欽協定を結ぶ。これで一応、満州事変の後始末が付いた形となった。

そして昭和十一年の二・二六事件は仙台の第二師団長で迎え、すぐさま次官に上番して磯谷廉介軍務局長、後宮淳人事局長を従えて、寺内寿一陸相を補佐して事件の後始末にあたった。加えてこの頃、造兵廠長官の上村東彦が収賄事件に関与していたことが露見したため、梅津はその事務取扱まで命じられている。

ノモンハン事件で大混乱した関東軍司令部に梅津美治郎が軍司令官として着任したのは昭和十四年九月だった。それまで第一軍司令官として勤務していた山西省太原から直接、新京に着任するという慌ただしさだった。それからの関東軍は、司令部の統制を強め、とにかくソ連と問題を起こさず、ひたすら北辺の静謐（せいひつ）を保った。これは関東軍の中にはびこった下克上の風潮の後始末を梅津が付けたということだ。

そして昭和十八年十月、チチハルにあった第二方面軍司令部が豪北方面に抽出されてから、関東軍の部隊が南方に転用され始める。梅津美治郎が総司令官在任中だけでも、師団九個、戦車師団一個、飛行団七個が抽出されて南方戦線に向かった。これも南方の不手際の後始末といえる。

◆和平を念頭においた梅津人事

こんなうんざりすることを文句ひとつなくこなしてきた梅津美治郎を世界的な戦局の転換期に参謀総長としたことは、この戦争の後始末に入ったと捉えられる。和平への道を彼に託したといってもよいだろう。昭和十九年に入ってから梅津自身も和平を希求する考えを抱くようになったとされる。その具体策だが、支那派遣軍総司令官に皇族をあて、その総参謀長は山下奉文とし、対中和平の糸口を得るというものだった。

東条英機は昭和十九年七月二十二日に予備役に入ったが、彼の腹心の冨永恭次は次官兼人事局長事務取扱で残った。昭和十六年四月以来、人事局長だった冨永の権力基盤は強固なものと恐れられていた。ところが東条という庇護者を失うと呆気なかった。予備役に入った東条に官用車を供したとかいう些細なことが追及され、フィリピンで戦力回復中の第四航空軍司令官に飛ばされた。

次官の後任は、南京政府最高顧問を務めていた柴山兼四郎だった。彼は中国通として知られた人だが、茨城出身の地味な輜重兵科出身ということもあり、それほど目立った存在ではなかった。では、なぜこの難局に柴山が次官に起用されたのか。まずは、この時点でも対中和平を断念していないとのシグナルだ。この昭和十九年九月から十月にかけて、宇垣一成が和平の可能性を探りに訪中しているが、このような流れの中で柴山次官が誕生した。

さらに、この抜擢人事の決め手になったのが、柴山兼四郎と梅津美治郎の人間関係だ。柴山は昭和八年五月から翌九年十二月まで、北平（北京）駐在武官補佐官だった。その後半、支那駐屯軍司令官が梅津で、二人の関係はここに始まる。昭和十二年三月、弘前の輜重兵第八連隊長だった柴山は、軍務局軍事課長に抜擢された。この驚きの人事は、梅津次官を抜きにしては考えられない。

そして盧溝橋事件となるが、陸軍省で最も強く不拡大方針を説いたのが柴山兼四郎軍事課長だった。それが長年にわたって中国を研究した結論だったのだろう。また、梅津美治郎次官の意を体して代弁したという一面もある。どちらにしろ梅津は柴山を改めて評価するようになり、滅多に人を褒めない彼が、柴山と阿南惟幾だけは「あれは良い」と人に語っていたと伝えられる。

冨永恭次の退場で、人事局長のポストも空く。これは昭和十六年十月以来、補任課長だった岡田重一の昇格で埋めた。怨嗟の的であった東条・冨永人事を三年近くも支えた岡田の昇格には疑問も残るが、それほど人事計画には連続性が求められるのだ。中継ぎを終えた岡田は昭和二十年二月、北支那方面軍参謀副長に転出した。後任は生粋の人事屋、額田坦だ。また岡田の後任の補任課長は、高級課員の新宮陽太の持ち上がりとなった。ちなみに新宮は戦後、陸上自衛隊に入り、東北方面総監、富士学校長を務めている。

続いて省部から東条色を排除する人事が始まった。まず、陸相秘書官で作戦屋のエースと目されていた井本熊男が昭和十九年八月、支那派遣軍参謀、すぐに第一一軍高級参謀に転出した。続いて十二月、陸相秘書官から軍事課長となっていた西浦進は、支那派遣軍第三課長に転出した。この十二月には昭和十七年四月以来、軍務局長だった佐藤賢了も支那派遣軍総参謀副長に転出している。

これまた東条英機の腹心と見られていた参謀本部第二課長から陸相副官、再び第二課長となっていた服部卓四郎も昭和二十年二月、華中の第一三師団歩兵第六五連隊長に転出した。東条の腹心中の腹心といわれた首相秘書官の赤松貞雄は、一旦、軍務課長となってから華中の第六一師団歩兵第一五七連隊長に転出した。

このように省部から東条英機の色に染まった者を一掃したということは、大東亜戦争開戦時からの路線を変更して、どういう形にせよ和平を求める態勢に移ったといえる。それを梅津美治郎や柴山兼四郎が主導したと確言できないにしろ、その方向性は昭和十九年秋に定まったと考えてよいだろう。

◆本土決戦準備の高級人事

東条英機と彼を支えてきた人脈の退場によって生じた穴を埋めるため、有為な人材を中央に呼び戻し始めた。まず昭和十九年八月、関東軍の第二航空軍司令官だった河辺虎四郎を航空総監部次長とした。また支那事変の当初、河辺は満州事変勃発時の参謀本部第二課作戦班長で、総務部長が梅津美治郎だ。また支那事変の当初、河辺は参謀本部第二課長（戦争指導課）で、梅津が次官だ。どちらの場合も河辺は慎重な姿勢を崩さず、それを梅津は高く評価していた。

吉本貞一

昭和十九年十一月、第一軍司令官の吉本貞一は参謀本部付となって東京に戻った。吉本は昭和三年三月から軍事課高級課員を務めたが、その時の課長が梅津美治郎だ。次いで吉本は参謀本部庶務課長となるが、上司の総務部長は梅津だ。さらに吉本は昭和十六年四月から関東軍参謀長となるが、司令官はもちろん梅津だ。このように梅津の腹心は吉本で、自分になにかあれば代わりに吉本をという心算だったのだろう。事実、敗戦後、梅津の代わりのような形で吉本は自決した。

そして昭和十九年十二月、豪北の第二方面軍司令官だった阿南惟幾を航空総監兼軍事参議官として東京に呼び戻した。阿南と梅津美治郎は、大分の同郷に始まり、縁が深い関係にあった。二人の原隊は赤坂の歩兵第一連隊で、梅津が中尉の時、見習士官の阿南の面倒を見たと話は古い。

二・二六事件後、新設された兵務局長に阿南惟幾を推したのも、すぐに人事局長に横滑りさせたのも、次官の梅津美治郎がからんでいないはずがない。前述したように、東条英機が退陣する際、梅津はまず阿南を陸相にと提案したことからも、阿南を陸相要員として航空総監にしたことは間違いない。

昭和二十年一月二十日に「帝国陸海軍作戦計画大綱」が策定され、いよいよ本土決戦が現実なものとして浮上してきた。そして同月二十二日、本土防衛態勢を強化するため、方面軍司令部六個（第一四を除く第一一から第一七まで）と軍管区司令部八個（北部、東北、東部、東海、中部、西部、朝鮮、台湾）を編成した。翌二月六日には、内地防衛軍と朝鮮半島の第一七方面軍の戦闘序列が発令された。

研究が進められていた本土決戦の準備について、三月中旬までに「決号作戦準備要綱」が策定された。そこでの結論のひとつは、内地防衛軍の作戦担任地域があまりに広いので、鈴鹿山脈で区切り、東は第一総軍、西は第二総軍とに分けることだった。そこで問題となるのは、この最高レベルの人事だ。

防衛総司令官は大東亜戦争開戦以来、東久邇宮稔彦だったから、横滑りの形で第一総軍司令官になるのが自然だ。また、皇土保衛という戦争目的からして、皇族が先頭に立つということも理に適っている。

では、第二総軍司令官を誰にするかだが、釣り合いからしても東久邇宮稔彦の異母兄、陸士、陸大同期の朝香宮鳩彦のほかは考えられない。支那事変中、東久邇宮は第二軍司令官、朝香宮は上海派遣軍司令官を務めているし、とにかく二人は昭和十四年八月に進級した古参の大将なのだ。三長官会議で異議なく決定したのも当然だ。

そこで三月十八日、東久邇宮稔彦と朝香宮鳩彦同席の下で宮崎周一第一部長と額田坦人事局長が経過を説明して補職を内示した。ところが二人はこれを拒否したばかりか、第一総軍と第二総軍とに分けること自体に反対した。これで皇族の司令官は断念せざるを得ず、元帥の登場となって第一総軍司令官は陸相の杉山元、第二総軍司令官は教育総監の畑俊六ということになった。そうなると陸相と教育総監の後任が問題となる。教育総監はすぐに土肥原賢二に決まったが、陸相の人選は難航した。

東久邇宮稔彦

朝香宮鳩彦

◆形になった梅津・阿南ライン

省部の統一意見としては、後任陸相は阿南惟幾ということだったが、阿南自身は強く拒んでいた。そうなれば長年、本命視されてきた山下奉文となるのだが、彼はフィリピンの第一四方面軍司令官として激戦中だから動かせない。残る陸士一八期生で現役大将は岡部直三郎だが、彼も華中の第六方面軍司令官で動かせない。そこで一九期生となり、第一五方面軍司令官で大阪にいる河辺正三ではどうかという声も上がった。

そんななか、昭和二十年四月五日に小磯国昭内閣が総辞職となり、後継首相がまず問題となった。陸軍では梅津美治郎をという声もあり、また東条英機は重臣会議の席で畑俊六の名前を上げた。しかし、主な重臣の間では、かなり早くから枢密院議長の鈴木貫太郎で意見が一致していた。鈴木に組閣の大命が下ったのは四月五日午後十時だった。戦艦「大和」が沖縄に向けて出撃する前日のことだ。

戦力を失った海軍の元老が出馬するとなれば、これは和平内閣だと陸軍は身構えた。しかし、鈴木貫太郎の方が役者が一枚上だった。翌六日朝、鈴木は自ら市ケ谷台に足を運んで杉山元陸相と会い、後継陸相の推挙を求めた。これに対して杉山は、陸軍の要望として、戦争の完遂、陸海軍の一体化、本土決戦準備の推進の三項目を示すと、鈴木は即座に快諾した。これがこの時点での鈴木の本心か、それとも韜晦（とうかい）戦術だったのか、今となってはもう分からない。

どちらであれ、組閣の大命が下った者にこう出られると、陸軍としても気持ち良く陸相を出さなければならない。そこで杉山元は、第一総軍と第二総軍の司令官、教育総監、陸相の人事のからみを説明し、阿南惟幾を次期陸相に出す用意があることを鈴木貫太郎に伝えた。ここまで話が進むと、阿南も断り続けられなくなる。さらには阿南が昭和四年八月から四年間、侍従武官を務めていた時の侍従長が鈴木という人間関係のしがらみもある。こうして四月七日、高級人事が発令され、阿南陸相が誕生した。

こうして梅津美治郎、阿南惟幾のラインが形となった。この時の異動で参謀次長の秦彦三郎が関東軍総参謀長に転出した。秦次長は杉山総長時代の名残で、また関東軍総司令官の山田乙三は関東軍の事情に暗いため、関東軍育ちの秦を補佐役に付けるという意味もあった。後任の次長は河辺虎四郎で、参謀本部も梅津色で一本化された。

阿南惟幾

昭和十九年末頃から、本土決戦準備の一環として、省部統合案が参謀本部第二〇班（戦争指導班）で練られており、二十年一月末に成案を得た。これを梅津美治郎総長と柴山兼四郎次官の間で検討していたが、阿南惟幾陸相の登場でこの統合案の実現が促進され、四月二十二日に省部合体となった。

その内容の概略は次のようなものだった。参謀本部では、参謀次長直属となっていた第二〇班が第一二課となり、第一部にあった第三課（編制動員課）と共に新設の第四部に移った。新設された第四部の部長は、軍務局長の吉積正雄が兼務することになった。第一二課長は軍務課長の永井八津次が、第三課長は軍事課長の荒尾興功が兼務する。

このような人事措置によって、参謀本部と陸軍省は二位一体の体制となった。

これで参謀本部と陸軍省、というよりは梅津美治郎総長と柴山兼四郎次官との関係が、制度の上でもより緊密化したことになる。こうして梅津の方針に共鳴する者が集まり、それが無条件降伏受け入れの布石となった。柴山は七月に入って肝臓の持病を悪化させて次官を下番したが、その方針はうまく後任の若松只一に引き継がれた。

ポツダム宣言受諾となった際、河辺虎四郎次長と若松只一次官は、「陸軍は飽くまで聖断に従って行動す」との一文をまとめ、これを杉山元、畑俊六、梅津美治郎、阿南惟幾、土肥原賢二、河辺正三が署名して全軍に示した。そして阿南陸相は自刃して部内の軽挙妄動を抑えて、特に大きな混乱もなく八月十五日を迎えた。

[終戦時の陸軍省と大本営陸軍部（参謀本部）]（出身、陸士期）

◎陸軍省

陸軍大臣　阿南惟幾大将［大分、18期］

陸軍次官　若松只一中将［愛知、26期］

大臣官房　美山要蔵大佐（陸軍省高級副官）［東京、35期］

人事局長　額田坦中将［岡山、29期］

補任課長　新宮陽太大佐〔長崎、38期〕
恩賞課長　神本勇大佐〔熊本、39期〕
軍務局長　吉積正雄中将〔広島、26期〕
軍事課長　荒尾興功大佐〔高知、35期〕
軍務課長　吉本重章大佐〔高知、37期〕
戦備課長　佐藤裕雄大佐〔山形、35期〕
陸軍省報道部長　上田昌雄少将〔徳島、31期〕
兵務局長　那須義雄少将〔熊本、30期〕
兵務課長　村上正一大佐〔山口、37期〕
兵備課長　山田成利大佐〔兵庫、38期〕
経理局長　森田親三主計中将
主計課長　遠藤武勝主計少将
衣糧課長　下川又男主計大佐
建築課長　吉田末人主計大佐
医務局長　神林浩軍医中将
衛生課長　出月三郎軍医大佐
医事課長　大塚文郎軍医大佐
法務局長　藤井喜一法務中将

◎大本営陸軍部

参謀総長　梅津美治郎大将〔大分、15期〕
参謀次長　河辺虎四郎中将〔富山、24期〕
総務課長　榊原主計大佐〔東京、35期〕
第一部長　宮崎周一中将〔長野、28期〕
　第一課長　中島義雄大佐（教育）〔愛知、36期〕
　第二課長　天野正一大佐（作戦）〔愛知、32期〕
第二部長　有末精三中将〔北海道、29期〕
　第五課長　白木末成大佐（ソ連）〔愛知、34期〕
　第六課長　山本新大佐（欧米）〔山口、34期〕
　第七課長　晴気慶胤大佐（中国）〔佐賀、35期〕
第三部長　磯矢伍郎中将〔三重、29期〕
　第十課長　二神力大佐（船舶）〔愛媛、34期〕
　第十一課長　仲野好雄大佐（通信）〔神奈川、35期〕
第四部長　吉積正雄中将（兼務）
　第三課長　荒尾興功大佐（編制、兼務）
　第十二課長　吉本重章大佐（戦争指導、兼務）

第Ⅱ部 陸軍における人事の全体像

「戦うべきでない敵」

〝功を陳べ列に居り、賢を任じ能を使える〟

（陳功居列、任賢使能）

『呉子』料敵篇

人事制度の概略

◆天皇の任官大権

現行憲法そのものには、官吏の人事に関する規定はない。ただ、その第七三条「内閣の職務」の四項において、「法律の定める基準に従ひ、官吏に関する事務を掌理すること」とあり、その法律の主なものが国家公務員法だ。また、内閣の所轄の下に人事院があるが、給与その他の勤務条件及び人事行政の改善に関する勧告をすることが主で、国家公務員の人事行政全般に関与するといった性格の官庁ではない。憲法に直接的な規定がないということは、戦前と比べて官吏の社会的地位が低下したことを意味する。また、文官（一般公務員）と武官（自衛官）との明確な区別も定めていない。

明治憲法においては、官吏の人事権は憲法そのもので規定されていた。それがすなわち第一〇条「天皇ハ行政各部ノ官制及文武官ノ俸給ヲ定メ及文武官ヲ任免ス但シ此ノ憲法又ハ他ノ法律ニ特例ヲ掲ケタルモノハ各々其ノ条項ニ依ル」だ。すなわち、公務員は今日の〝公僕〟という位置付けではなく、あくまで〝天皇の官吏、天皇の軍人〟だったことになる。軍事、軍人に関する明治憲法の規定としては、第一一条「天皇ハ陸海軍ヲ統帥ス」、第一二条「天皇ハ陸海軍ノ編制及常備兵額ヲ定ム」があった。

この憲法第一〇条に基づくものが任官大権、第一一条と第一二条に基づくものが、それぞれ軍令大権、軍政大権と呼ばれていた。任官大権の行使には国務大臣、軍ならば陸相、海相の輔弼を必要とするが、必ずしも議会の協賛は必要としないとされ、実際に議会で審議されたことはない。軍令大権は統帥大権とも呼ばれ、これはまったくの天皇の専権事項で、その承行者は各級指揮官となる。これがいわゆる統帥権の独立だ。軍政大権は軍部大臣の輔弼を必要とし、かつ多くの場合、予算の問題からして議会の協賛が求められる。

今日なお、統帥権の独立が日本を亡国の淵に追い込んだとされている。しかし、あらゆる組織はヒトが動かすもので、よく〝人事は統率なり〟と語られていることからも、軍令大権よりも任官大権の方に問題があったはずだ。この任官大権を問題にすると、文官も敗戦の責任を追及されかねないから、軍人にだけ関係する軍令大権を批判するのだろう。

そもそも軍令大権を承行して指揮権を手にしても、それだけでは効率的かつ効果的に部下を動かすことはできない。軍令大権に加えて任官大権の委任を受けて人事権を手にし、部下を隷属下に置かなければ、真の統率、統御は無理だ。この点からしても、表面に表われる軍令大権による出来事よりも、その裏面で進行している任官大権の結果の方がより決定的なものになる。

今日と違って敗戦前の天皇は、明治憲法第三条で「天皇ハ神聖ニシテ侵スヘカラス」と定められた存在だったから、その任官大権には絶対的な効力があった。打診とか内々示といった段階ならば、「妻が病気で東京を離れられない」「持病があって満州はどうも」とかいえるだろうが、それも上司の口添えがあって初めて考慮してもらえる。次に内示となるが、こうなるともう逃れられない。健康を理由に予備役編入願を出すか、黙って内示に従うかだ。「人事はひとごと、他人事」と自嘲気味に語られるが、そんな心境にならないとやってられないのが軍人稼業というものだ。

よく、陸相と参謀総長、海相と軍令部長（昭和八年九月から軍令部総長）の軽重が語られる。皇族が参謀総長と軍令部総長に就いた時代が長かったこともあり、軍部大臣より格が上というイメージがある。しかし、両総長は天皇が軍令大権を行使する時、それを輔弼しているわけではない。あくまでも天皇のスタッフの長で、大命（奉勅命令）を伝宣する任務を負ってはいるが、軍令大権を承行して実際に動くのは各級指揮官だ。

一方、陸相、海相の軍部大臣は、天皇の任官大権と軍政大権の行使を輔弼している。簡単にいえば、人事と予算を握っているのだ。しかも人事権については議会などの介入はないから、絶対的な権限となる。従って制度的には軍部大臣の方が重い存在だった。この点が徹底していたのは海軍で、明確に海相が軍令部総長より上としていた。だから海軍における統帥権独立の弊害については、あまり語られないのだろう。

では実際、天皇は国務大臣の輔弼を受けつつ、どのようにして官吏の人事を行なっていたのか。まず、武官も含めた全官吏を判任官、奏任官、勅任官、親任官とに分けて、それぞれに対する人事権を各レベルに委任した。判任官は正式の官吏の最下位に位置し、属官とも呼ばれていた。判任官は四等級に区分され、軍人ならば伍長が四等、軍曹が三等、曹長が二等、准尉が一等とされた。この判任官の人事権は、師団長などの所管長官に委任されていた。徴兵によって軍隊に入った兵は官吏として扱われていないが、判任官に準じてその進級などは所管長官の権限とされていた。

奏任官から高等官とし、文官は八等から三等までに区分され、軍人だと尉官と佐官だ。少尉は高等官八等、大佐は同三等に相当する。この奏任官の人事は、所管大臣の奏聞によって内閣が任命する形をとる。軍人の場合は、所管長官の上申に基づいて軍部大臣が決裁する。この事務を扱っているのが、陸軍省では人事局補任課、海軍省では人事局第一課となる。

文官の勅任官は、高等官の二等と一等で、戦前の官選知事がこの高等官一等だった。武官では二等が少将、一等が中将となる。この勅任官は勅命によって叙任され、天皇の任官大権が実感されるものとなる。この上の親任官は大臣、大将で、天皇が辞令書に御名御璽し、首相が年月日を入れて副署し、親任式を挙行して任命される。

これら文武官を官等級に分けて人事管理する手法は理解しやすく、民主的ではないといわれるにしても、基本的には今日も同じだろう。ただ、戦前はこれに位階、勲等、功級が加わってくるから多少複雑になる。往時の律令制を踏襲していたとすれば、まず位階があり、それに対応する官等級があり、それに勲等が付き、そして実績としての功級ということになる。

位階は八位から一位まで、それぞれ「正」と「従」があるので一六階に分かれる。少尉は従八位、中尉は正八位と累進して、中将で従三位か正三位、平安時代の「三位中将」と合うようになっているとは雅やかな話だ。勲等は勲八等から勲一等までだが、授与される勲章のランクで細分化される。大尉で勲六等、瑞宝章、少将で勲二等、旭日章といったところだ。軍人の功級は戦時の功績によるもので、金鵄勲章という形をとり、原則としてはそれぞれの階級で功三級などとの等級が定められる。

この位階と勲等は年功主義によるもの、功級は成果主義によるものだ。これがどの程度、昇進や補職に反映されたかはケース・バイ・ケースで、特に定めはなかった。ちなみに敗戦時、軍人で最高の位階勲等だったのは首相の鈴木貫太郎で、正二位、勲一等、旭日桐花大綬章、男爵、功級は三級だった。これらは主に日露戦争中の勲功と侍従長での功績に対するものだ。

◆慎重に扱われた将官人事

大正二（一九一三）年六月、陸相が木越安綱だった時、陸軍省官制が改正され、現役だけでなく予備役の大将、中将も陸相に就任できるようになった。政治の色が付いた予備役将官が陸相になれば、陸軍が政党に支配されると部内は猛反発したが、政権の安定が優先された。そこで陸軍は、万一、予備役将官が陸相になりそうになった場合の対応策を練った。それが大正二年七月に申し合わされた「陸軍省、参謀本部、教育総監部関係業務担任規定」、いわゆる省部協定だった。

この省部協定の内容は、統帥命令の実施権限を陸軍省から参謀本部に移す、編制動員業務は軍の機密に属するので参謀本部が扱うというものなどだった。ここでのテーマ、人事については「将校の人事は三長官の協議決定による」と定め、人事権を陸相専管から三長官（陸相、参謀総長、教育総監）の協議の上、陸相が取り扱うとした。これには三長官の覚書が付いており、「ここにいわゆる将校とは将官のみに限定する」とあった。こうしておけば、例え予備役将官の陸相候補が現われても、参謀総長と教育総監は現役の将官だから、陸相が予備役でも、二対一で現役有利でどうにでもなるということだ。

将官人事の原案は、陸軍省人事局長が作成する。もちろんその参考資料は、補任課が取りまとめるが、案そのものは人事局長が一人で作成する。親補職（中将で師団長以上がこれに当たり、省部の次官、次長まではこれに当たらない）の場合、この原案を三次長会議（陸軍次官、参謀次長、教育総監部本部長）に掛けて協議し、成案を得れば三長官会議の承認を受けて決定する。三次官会議で結論が出なければ、直接三長官会議に掛けてその決定に従うことになる。

親補職の中将、大将の人事は、最初から三長官会議に掛けられる。この席には三次官、人事局長も出席しないし、議事録も作成されない。もし、意見がまとまらない場合はどうするかだが、多数決というよりは陸相の意見が優先される。もちろん、三長官の後任となれば、ほとんどの場合、前任者がその席にいるわけだから、その意見が尊重される。

こうして将官の人事案が固まれば、まず陸相が内奏して天皇の内諾を得る。これは現役将官に限らず、予備役将官の戦時職務についても、この手順を踏む。もし、天皇がその人事案に納得しなければ、陸相に直接撤回を求めることはなく、その書類を「止め置く」という形をとって反対の意志を表明する。もし、そうなったならば大変で、最初からやり直しとなり、資料の不備などで人事局長や補任課長の処分問題にまで発展し、陸相解任という事態も起こりかねない。そうはならず、平穏のうちに天皇の内諾を得られれば、正式の書類で上奏し、裁可を得て人事発令となる。

そこで、天皇はどこまで軍人の動静を知っていたか興味が湧く。明治天皇は、在京部隊の大隊長クラスまで名前から嗜好まで知っていたと伝えられている。将校を集めた招宴で、「彼にはこの盃は小さい、もっと大きいものをもて」と、酒量まで知っていたとは驚きだ。明治天皇に仕えた侍従武官長は岡沢精と中村覚の二人だが、彼らが侍従武官を使って情報を集めれば相当程度のことまでは知ることができる。明治天皇は人事の書類を「止め置く」ことも多かったとされるが、任官大権を直接行使したという話は伝わっていない。西南戦争、日清戦争、日露戦争での実績という明確な評価基準があった時代ならばこその話だ。

昭和天皇は、皇太子時代から阿部信行による軍事学の進講を受けていた。大正十一年十一月から侍従武官長だった奈良武次が砲兵科出身だったから、同じ兵科の阿部を推薦したのだろう。広く知られているように生物の分類学に造詣が深いということもあって、科学的な知識欲が旺盛な昭和天皇だから、砲兵科出身の阿部の進講は適宜なものだった。では、昭和天皇は理数的な考え方をもって軍部を観察していたかと思えば、どうもそうではなかったようだ。

平成三年三月に出版された『昭和天皇独白録』に目を通すと、それが本当に昭和天皇の言葉を伝えたものとすればの話だが、想像以上に軍人の動向、特に政治的な動きに注意を向けていたことが分かる。それも石原莞爾、有末精三といった佐官についてまで述懐があるとは驚きだった。また、昭和十一年三月から三年ほど侍従武官長を務めた宇佐美興屋について、昭和天皇は「宇佐美は政治性に乏しい」と語っているのに驚かない人はいないはずだ。

そして昭和天皇は、任官大権の直接行使も辞さなかった。昭和十四年八月、平沼騏一郎内閣が総辞職し、板垣征四郎陸相は支那派遣軍総参謀長に転出することとなり、後任陸相が問題となった。下馬評では板垣と同じ陸士一六期生で関東軍参謀長だった磯谷廉介という声もあったが、三長官会議で関東軍の第三軍司令官だった多田駿となった。内示のため飯沼守人事局長が第三軍司令部のある牡丹江に出張するまで話が進んでいた。

ところが、後継首班が阿部信行と決まると、昭和天皇は後任陸相を「畑か、梅津にせよ」との上意を示した。共に上番直後の侍従武官長の畑俊六か、関東軍司令官の梅津美治郎以外は、陸相として受け入れないということだ。いくら聖慮といっても、これは無理な人事だ。まずは、板垣征四郎が陸士一六期、これを一二期の畑、もしくは一五期の梅津に戻せということだ。内定していた多田駿も一五期だから、梅津とするには問題はない。しかし、一二期まで戻るとなると、のちのちまで陸相人事が混乱する。

ましてや畑俊六が侍従武官長に上番してから三ヵ月、梅津美治郎にいたってはまだ第一軍司令官で関東軍司令官に異動の内示を受けた時だ。そんな無理を承知で、「畑か、梅津か」とした昭和天皇の真意はなんであったのか。どういうことであれ上意となれば仕方がない。ノモンハン事件の後始末があって梅津は動かせないとなって、畑が陸相に就任した。後任の侍従武官長は、かなり以前から昭和天皇が望んでいた蓮沼蕃に落ち着いた。蓮沼侍従武官長は敗戦時まで在任したから、これは成功した人事となる。一方、畑陸相は在任一年足らずで辞任したのだから、この人事は失敗だった。

◆実役停年名簿

支那事変が始まって動員が本格化した昭和十四年度、陸軍将官の現員は現役五六九人、召集された予備役二八人だった。同年度の陸軍兵科将校は四万七〇〇〇人、兵技、経理、衛生、

多田 駿

蓮沼 蕃

獣医、法務の各部将校は一万二〇〇〇人だった。この大集団の人事管理をどうやっていたのか。その基となる材料は、毎年更新される実役停年名簿（陸軍現役将校同相当官実役停年名簿、海軍は海軍現役士官名簿）と、これも毎年作成される考科表だ。

この実役停年名簿の「停年」は、いわゆる定年退職の定年という意味ではなく、階級停年ということで、その階級に何年止まっているかを示すもので、現役将校の進級に必要な各階級の勤務年限という意味でもある。どうということもない名簿と思われようが、各階級ごとに序列を付けて現役将校の名前と現職務が並んでいる。これを支那事変までは、偕行社（陸軍将校の親睦団体）に行けば簡単に入手できたそうだが、戦時体制になってからは極秘扱いになった。

どうして、このようなものが毎年発刊されていたのかといえば、まずは指揮権の承行順序を示すためだ。例えば連隊長が戦死したりして指揮官不在となった場合、すぐさま誰かが連隊の指揮をとらなければならない。それは先任者となるが、同じ階級の者からとなっても、この停年名簿を見ればすぐ分かる。だから、五十音順や年齢順の配列ではなく、序列を付けて並べてある。

では、どうやって序列を付けたのだろうか。まず最初は士官学校卒業時の成績順に並べる。大正九年以降の制度によれば、士官学校予科（中央幼年学校の改編、昭和十二年以降は予科士官学校）卒業時に各兵科（昭和十五年に兵科を廃して隊種）に分かれて隊付士官候補生となり、それから本科に戻るようになっていたから、本科卒業時は諸兵科が混在している。これにどうやって序列を付けたのか、細かい話は伝わっていない。

海軍の場合も兵学校の卒業成績順に現役士官名簿に載せられる。この順番がいわゆるハンモックナンバーと呼ばれるものだ。海兵を卒業し、砲術学校や水雷学校などに進んでから専門別に分かれるので、海兵卒業時点での序列は付けやすいし、客観性もある。そこでこのハンモックナンバーは絶対的なものとなり、各人の一生を支配した。海兵出身者は、敗戦後も長くこのハンモックナンバーを云々していた。

陸軍では、この序列が大きく変わる要素として陸軍大学校に行ったか（卒業徽章の形から天保銭組）、行かなかったか（無天組）がある。陸大を卒業すると、おおむねその席次のまま陸士同期の先頭に持ってくる。陸大の受験資格は、隊付勤務二年以上の中尉と少尉だから、陸士の同期生の間で陸大の期は六～七期にわたる。必ずしも陸大の期が先だから序列は上ということではなく、陸大の成績がより重視されて序列が作られる。

梅津美治郎は、陸士一五期の不動のトップと語られているが、最初からそうだったわけではない。彼は中央幼年学校を恩賜で卒業したが、なぜか陸士では上位八人の恩賜（銀時計組）には入らなかった。また梅津の陸士一五期で最初に陸大に入ったのは陸大二二期で五人いたが、梅津はこれにも入っていない。従って陸大二二期が卒業した明治四十三年までは、彼は陸士一五期の先頭ではなかった。しかし、続く陸大二三期に入った梅津は、誰もが秀才と認める陸士一六期の永田鉄山、藤岡萬蔵、小畑敏四郎を押さえて首席をものにした。陸士一五期で陸大成績上位六人の恩賜（軍刀組）に入ったのは、谷寿夫、今井清らがいるが、首席はいなかったので梅津がトップに立つことになった。学歴主義一本槍のなんとも分かりやすい序列の作り方だ。

海軍では、海軍大学校甲種学生出身といっても、それほどハンモックナンバーに影響しなかったとされる。この傾向は、スタッフよりラインを重視する海軍の良き伝統と語られてきた。しかし、これには裏がある。海大は志願によって受験するが、それはハンモックナンバー上位の者に限られ、下位の者が一発逆転と受験するのはごくまれで、受けても落第という図式になっていた。すなわち海大というものは、海兵卒業上位者の補修教育機関といった性格だったようだ。

さて、陸大を卒業して同期の先頭グループに位置することは、栄達の第一歩だ。無天組だと日の当たる中央官衙に配置されることはないし、昇進もあまり抜擢の対象にされない。しかし常に、天保銭が将官への通行手形になるとは限らない。もちろん陸大首席ともなれば、シンボルとして大事にされ、大将街道を歩むものだが、そうでない場合もある。例えば陸大二四期と二五期の首席は、佐官で軍歴を閉じている。その一方、陸大二二期五一名中の四〇番だった小磯国昭、二四期五四名中の二四番だった土肥原賢二、同じく二五番の山田乙三、二五期五五名中の八番だった岡村寧次、同じく一二番の多田駿らは、大将まで上り詰めている。

陸大を好成績で卒業したという看板の効用も一〇年ほど、階級でいえば中佐か大佐までだったとされる。それからは、職務の遂行能力や結果としての業績だけでなく、潜在的な可能性としての能力が問題となる。言い換えれば能力の伸展性、いわゆるシーリング（天井）が注目される。そうなると学歴主義、学業成績主義だけでは人事管理ができなくなる。それらを判定する材料が、いわゆる勤務評定とか人事考科というものだ。

◆一生付いて回る考科表

陸軍、海軍共に将校、士官、下士官の個人ごとに考科表が毎年、調製されていた。これには、出身地、経歴、各種成績、能力、性行、家庭状況、交際、嗜好、将来性まで書き込まれる。これを調製する者は、独立部隊長とされ、一般的には連隊長で、その連隊長のものは師団長が調製する。人数は少ないが中央官衙勤務の者の考科表は、課員のものは課長が、課長のものは局長、部長が調製する。学校の場合、職員と学生のものは学校長が調製することとされ、陸大も例外ではなかった。

調製された考科表は、本人が見る機会がないにしろ、一生付いて回る。副本は陸相に送られ、その写しは関係する部署、参謀総長、各兵科の監、各部ならば経理、医務、法務の各局長に送られて保管される。原本は所管長官が保管して後任者に申し送り、対象者が将官になれば陸軍省に送られ、人事局長が一括して管理していた。陸軍の考科表は毎年、補修訂正が加えられて連続するが、海軍のものは補正ではなく毎年、その時々の所属上官が書くので、前との連続性はない。この提出を受けた海軍省は、四年ほどの期間のものを人事の参考にしていた。

陸軍では、その人の少尉任官の最初からの考科表を見ることができるから、つい無難にそれに沿っておくとなりがちで、それを見た人事当局者は判断を誤りかねない。海軍では前任者のものを見れないから、そういう手抜きはできないが、まったく逆の評価を下すという場合も起きて、これまた人事当局者が悩むということになる。どちらにしろ、その考科表を書いた人の考科にも使えるというのが、考科表の怖さだ。

考科表を書く側に対する影響はともかく、書かれる側にとっては一生にも関わることだ。そもそもヒトがヒトを評価するということは大変難しいことで、それを自覚しているがため、〝前年度に同じ〟の一行で済ます人もいただろうし、そんな人は豪傑というよりは良心的とも思える。高級副官まかせという人もいたそうだが、これを責任逃れと非難するのも酷な話だ。こうなると、考科表を調製すること自体の意味を考えさせられる。

そもそも、軍隊でこの考科表というものを制度化した理由から探らなければならない。おそらくは、師団の高級副官、連隊の副官に作成させ、指揮官はそれを閻魔帳に使って部下を統御しようとしたのが始まりのはずだ。それがいつの間にか、人事管理の資料となったのだろう。作成する側と使う側にギャップが生じるのも無理はないし、双方にどこまで人事管理という概念を理解していたのかとの疑問も残る。

本来、この人事考科とは、終身雇用と年功制を基本とする組織の人事管理に必要なものとして生まれた。名称は違うが、戦後の日本で問題になっていた教職員の勤務評定と同じだ。具体的には、各個人の業績、管理能力、職務知識などを文書にまとめ、それを人的資質の判定に使う。管理手法としては正しいが、ヒトがヒトに対する行為である以上、とかく主観的になり、人物やその特性についての判定に傾きやすい。そこで広く納得性や客観性を得るためには、分担業務の遂行度と業務実績、すなわち組織の一員としての柔軟性をより評価すべきだとの結論に至る。

過去において満点の評価を得た人でも、より大きな組織に異動しても同じような高い評価を得られるかといえば、そうではないから人事は難しいのだ。その点について日本陸軍が失敗したケースはいくつもある。関東軍という出先で突発事態に遭遇して絶妙な対応をしたとしても、参謀本部という複雑な組織の責任ある地位に登用されると、どうにも動きが取れなくなるというケースも珍しくなかった。石原莞爾がその好例だろう。

学識は抜群、文章も書ける、人柄も温厚、これほどの人材を陸大が教官として抱えているのはもったいないと、中央に送り出してみると、どうにも使えないということもある。幼年学校から陸大まで恩賜で進み、陸大の名教官として知られる桑木崇明がそんなケースだった。期待を背負って二・二六事件直後に参謀本部第一部長の要職に就いた桑木だったが、一年にもならないうちに下番、さらに第一一〇師団長に出たが、これまた高い評価を受けることはなかった。

こういう失策を犯さないためには、それまでに見せた職務遂行能力や業績だけでなく、この人の能力はどこまで幅が広いか、天井の高さ（シーリング）はどこまでかを考科表から読み取るのが人事当局者の務めなのだ。しかし、先のことは誰も分からないという哲理からすれば、それはまず無理なことだ。ただ、ドイツ軍での経験則からすると、上司に厳しく、部下に親切というタイプが、より大きく育つ人材だとされているようだ。日本において、そのようなタイプで大成した人はいただろうか。

進級と補職

◆本当の意味での抜擢なき軍隊

陸軍、海軍共に現役定限年齢（定年）と実役停年（現役将校の進級に必要な停年）が、次のように定められていた。

［階級＝現役定限年齢／実役停年］（昭和十六年三月制定のもの）

◎陸軍

大将＝六五歳／　中将＝六二歳／四年　少将＝五八歳／三年

大佐＝五五歳／二年　中佐＝五三歳／二年　少佐＝五〇歳／二年

大尉＝四八歳／四年　中尉＝四五歳／二年　少尉＝四五歳／一年

◎海軍

大将＝六五歳／　中将＝六二歳／　少将＝五八歳／三年

大佐＝五四歳／二年　中佐＝五〇歳／二年　少佐＝四七歳／二年
大尉＝四五歳／四年　中尉＝四〇歳／一・五年　少尉＝四〇歳／一年

要するに、陸海軍共に大尉を四年務めないと少佐に進めないということだ。この停年がきてすぐ進級することを「初停年の進級」と呼ばれていた。少尉、中尉は、この初停年での進級が普通で、同期が同時に進級した。ところが指揮官職に就く大尉以上には、各兵科毎に階級別の定員があった時代が長く続き、欠員が生じた兵科ならば、ほかの兵科の者より早く進級し、そうでなければ遅れ、同期の間で一年ほどの差が生じた。

序列が下の者が、運に恵まれて同期の上位の者を追い越して大尉になると、序列を付けた意味がなくなり、また感情問題すら生じかねない。また満州事変以降、軍備拡張の気運も高まったこともあり、中隊長要員を早く準備しておかなければならなくなった。そこで昭和八年以降、同期は同時に大尉に進級させる制度となった。ところが今度は、尉官で三年以上の隊付勤務をして、大尉を四年務めて少佐への切符を手にした者をどう扱うかが悩みの種となった。

まず、ポストの数が問題だ。昭和十二年当時の平時編制によると、歩兵連隊に属する大尉の中隊長は、ナンバー中隊の九人と機関銃中隊の三人、合計一二人だ。それが少佐の大隊長になると三人に絞られる。連隊本部、旅団や師団の司令部で消化するにも限度がある。となると、多くの者が大尉で足踏みとなる。大尉を四年務めてすぐ少佐など夢の上の話で、〝桃栗三年、柿八年、やっとこ大尉は一三年〟とからかわれるまでになった。

この閉塞状態を打開しようにも、組織のキャパシティーが決まっている上に、前述した各兵科毎の定員もあるのだからどうしようもない。さらに深刻な問題は給与体系だった。明治三十二年七月の給与制度の改正で、各佐官には一級と二級、大尉には一級から三級、中尉には一級と二級を設ける等級俸制が導入された。ところが日露戦争後の緊縮財政のあおりを受けて、佐官の等級俸制が廃止された。こうなると佐官は、進級しないと俸給が上がらないことになる。抜擢された若い少佐と、五期以上も先輩の古参少佐の給与が同額というのも、平等が行き過ぎて不平等感を醸し出す。

この給与体系の是正は長らく問題になっていたが、大蔵省もからむので手が付けられなかった。ようやく支那事変の直前、昭和十二年六月に改正され、大佐では一等から三等、中佐と少佐では一等から四等の等級が設けられることになった。少佐の一等と中佐の四等、中佐の一等と大佐の三等が同額というこまやかな気配りをしている。

そして昭和十六年に兵科が撤廃されて、兵科毎の定員の問題も解消した。これでようやく、少佐への同期同時進級が可能になった。戦時の大量動員、インフレ人事の時代になってどうにか人事制度が抜本的に改善されたということは、長期的な展望がなされていなかったことの証明でもある。

これまでは、主に停年（先任）進級に関してのことだ。このほかに抜擢進級というものがあった。昭和八年以降ならば大尉から少佐へ、昭和十六年からならば少佐から中佐へ進級する時から抜擢進級が始まる。具体的には、陸大卒と砲工学校高等科優等、員外学生と派遣学生卒、昭和八年から設けられた陸大専科卒、陸士卒業序列上位者の順に抜擢することになっていた（員外学生は主に砲工学校高等科優等で帝大理工系に定員外の学生として送り込まれた者。派遣学生は同じく帝大の文科系に送り込まれた者）。

こういった経歴の者は、現役停年名簿の上位にあるのだから、そのどこまでを進級させるのか、どこで切るのかという問題で、それは本当の意味での抜擢ではない。しかも、どこで切るかは補任課の裁量だという。そもそも「抜擢」という言葉の意味からすれば、戦場で抜群の戦功があった者を進級させ、より重要な職務にあてること、すなわち冒頭で紹介した『呉子』の「陳功居烈、任賢使能」だ。

平時においては、戦功というものはない。しかし、昭和六年の満州事変以降、それが数多くあったはずだ。ところがそれが、人事にストレートに反映されたという話はあまり聞かない。一介の兵士から下士官、そして少尉候補者となって任官した者は軍隊というものを知り尽くしているのだから、第一線ではなくてはならない存在になることは当たり前だ。それならば、この少候出身者を早く少佐に抜擢して侍大将の大隊長にあてるというのは当然のことだ。ところが少候出身者の大隊長が生まれたのは昭和十三年のことだった。

それも大隊長の不足に悩んだ揚げ句のことで、渋々ながらやらせてやるという姿勢だった。結局、敗戦時まで少候出身者の大佐はいなかったが、今度は連隊長不足に悩み、少候出身の中佐をあてて見たところ、陸士出身者と比べていささかの遜色もなかったと感心しているのだから、人事のどこかが間違っていたのだ。

そもそもが、日本の軍隊には本当の意味での抜擢ができないような仕組みだった。内規にせよ厳格に守られていたことに、「うしろの期の一選抜（先任）は、前の期の一選抜を追い抜かない」「先任を追い越す進級はさせない」ということがあった。停年名簿を見ると、各期が入れ乱れているが、先頭グループだけを取り出せば、各期毎に整然と並ぶようになっている。これでは大抜擢の起きようがない。

大東亜戦争中、大佐までに二階級特進という制度が設けられた。昭和十七年五月、ビルマの空中戦で戦死した陸士三七期生の加藤建夫中佐は少将となった。三〇期の一選抜を追い抜いたが、あくまで戦死してからの話だ。十八年五月、アッツ島で玉砕した二五期の山崎保代大佐には、中将が遺贈された。この時すでに、二六期の一選抜が中将になっていた。二十年三月、硫黄島で戦死した二六期の栗林忠道は戦闘中に大将となり、二〇期の一選抜を追い抜いたが、どことなく空しい気持ちにさせられる特進だった。

とにかく、これは戦時における特例で、しかも戦死しなければあり得ないことだった。では、大将ならばどうするのか。これは海軍だが、昭和十八年四月に戦死した山本五十六大将のケースで、元帥府に列することとなった。元帥府に列するということは、終身、現役の大将というところに意味があり、亡くなってから列するとはどういうことなのか。結局、二階級特進とは形式的な話に終わっている。

◆平凡な軍人の一生

陸士を卒業すると一律、見習士官として部隊に配置される。六ヵ月ほど勤務してから、その連隊の将校全員による将校銓衡会議に掛けられ、将校適任と判定されて少尉任官となり、そこの将校団の一員となる。その新品少尉にとっては、そこがいわゆる〝原隊〟となり、軍における郷里という意味で一生ものとなる。

少尉といえば小隊長と思いがちだが、日本陸軍では、小隊は戦時編制で平時にはない。少尉は中隊付となって、新兵教育の教官を務める。少尉も古参になって選ばれた者は連隊付となり、連隊副官の下で連隊旗手を務める。これは非常に名誉なことで、出世街道の一里塚、著名な軍人のほとんどはこの連隊旗手の経験者だ。戦後になっても、「うちは歴戦だから総しかなく軽くて助かった」「俺のところは重くて参った」と楽しそうに話していた。

中尉になっても中隊付のままだが、中隊長や大隊副官が欠員もしくは入校中などの場合、その代理を務める。そして大尉となった時、隊付将校として平凡な道を歩むか、幕僚となって出世街道を進むかがはっきりする。大尉になれば、陸大の受験資格そのものを失うからだ。天保銭組も無天組でも、各兵科を通じて中隊長は必須とされていた。

それからの無天組の進路は、おおむね次のようになる。抜擢にもれ続け、大尉、少佐で足踏みしているうちに、少佐の定年五〇歳、中佐の定年五三歳が迫ってくる。そんな中で少佐で大隊長、連隊副官、旅団副官、中佐で師団の高級副官、動員時の特設連隊長要員となる連隊付中佐となる。その間で、優秀と認められた少佐は陸士の中隊長に選ばれたり、各実施学校（歩兵学校、騎兵学校など）の教官を務めたりする。

部隊、学校でのポストがなければ、学校配属将校、連隊区司令部に出ることとなる。そこで予備役となり、心を残して軍を去る。これが多数を占める無天の将校にとって、ごく普通の人生行路だったのだ。同期で陸大に進んだ者との違いはどれほどのものか、次表に一般例として示しておく。

年齢	［天保銭組］	［無天組］
14	地方幼年学校入校（大正九年以降、幼年学校）	
17	中央幼年学校入校（大正九年以降、陸士予科。昭和十二年以降、予科士官学校）	
19	陸軍士官学校入校（大正九年以降、陸士本科）	
20	陸士卒業、見習士官、少尉任官、連隊付	
23	任中尉、中隊長代理、陸士予科区隊長	
24	陸軍大学校入校	戸山学校、各実施学校入校

27 陸軍大学校卒業

28 陸士勤務、中央官衙勤務将校

29 任大尉、中隊長　　　任大尉、実施学校、陸士勤務

海外駐在（中央三官衙付）

33 中央三官衙勤務将校　　　中隊長

35 任少佐、中央官衙、課員、部員　　　旅団副官、陸士本科中隊長

39 任中佐、高級課員、陸士、陸大教官　　　任少佐、連隊副官、陸大専科入校

40 連隊付中佐、陸大教官

42 　　　大隊長

43 任大佐、連隊長

45 中央官衙課長　　　任中佐、連隊付中佐

46 　　　学校配属将校勤務

48 任少将、部長、局長

50　旅団長　　　　　　　　　　　　連隊区司令部勤務
52　任中将、師団長
53　　　　　　　　　　　　　　　　中佐定限年齢、予備役編入
54　次官、次長、教育総監部本部長
55　　　　　　　　　　　　　　　　大佐定限年齢、予備役編入
56　関東軍、朝鮮軍、台湾軍司令官
57　任大将、三長官
59　軍事参議官
65　大将定限年齢

　このような天保銭組と無天組の人事の「帯」は、模式化したもので、誰もがこの通り歩むというのではない。軍人を志して士官学校を卒業した以上、一応の目標とするのが連隊長職だろうが、ただ陸大に進めなかったというだけでそれを断念せざるを得ないというのも諦めが早すぎる。それは数字の上からも明らかだ。

一般的に天保銭組は、同期で六〇人前後だった。それに対して歩兵から航空まで、その連隊の数は平時の最後となる昭和十二年六月現在で二〇〇個を超えていた。連隊長勤務三年で回しても、天保銭六〇人では連隊長要員が足りない。もちろんごく狭き門だが、無天組でも大佐に昇任して連隊長にもなれたのだ。

また、砲兵科や工兵科では、技術畑に進む人も多い。その場合、砲工学校高等科優等となると、陸大卒業と同列に扱われる。さらには員外学生として東京帝大の理工系を卒業して学士ともなれば、陸大恩賜と同じく羨望の目が注がれる。そんな一人に陸士二一期の安田武雄がいる。彼は通信、航空の専門家ながら、陸軍省軍務局防備課長を務め、二・二六事件での対応がすばらしいということで、軍事課長はどうかとまでいわれたことがあった。もちろん安田は無天組でも一選抜で中将に進級して軍事参議官も務め、敗戦時には内地防空の第一航空軍司令官だった。

技術畑ではなくとも、無天組で中将に進み師団長を務めた人も多いし、軍司令官まできわめた人もいる。共に無天の陸士一九期の石黒貞蔵と二二期の小林信男は、敗戦時、マレー半島の第二九軍司令官、東海地方の第五四軍司令官をそれぞれ務めていた。これが大将となると希有になる。士官候補生制度になってから、技術畑で名誉進級の大将は三人いたが、それ以外は陸士二期、鈴木貫太郎の実弟、鈴木孝雄のほかにいない。とにかく無天でも少将、中将となって旅団長、師団長をやれたことは、支那事変や大東亜戦争があってこそという面が大きい。

◆天保銭組もさまざま

天保銭組は出世街道まっしぐらというイメージが強いが、その人生行路もまた厳しいものだった。試験勉強で身を削り、たいして年も違わないし、それほど英才とも思えない試験官にいびられ、ようやく難関を突破して陸大に入ったかと思えば、作業、作業の連続で夜も満足に寝られない。そんな苦労を重ねて、ようやく天保銭組となったが、今度は熾烈な競争社会でもまれる。

陸大在学中から自分の将来がおおよそ推測できるのも辛い話だ。恩賜以外は本人に成績を知らさないが、序列を見ればすぐ分かることだ。卒業して中隊長で全国に散るが、そこでまたさまざま見聞する。師団司令部あたりでくすぶっているサビ天（出世が遅れた天保銭組）も目に付き、自分の将来と重ねて見るようにもなる。あの猛勉強はなんのためだったのかなと、寂しい思いにふける人の方が多かったのだ。

陸大の卒業成績が優秀な者には、まず中央三官衙（陸軍省、参謀本部、教育総監部）から声が掛かる。トップクラスは陸軍省軍務局から声が掛かり、これは海外留学、駐在要員だ。教育総監部も同じ位置付けだ。作戦の腕の冴えを買われて参謀本部から声が掛かるのは、もちろんトップクラスで、すぐに陸大教官にあてられる場合もある。語学の才能を見込まれて在外公館付武官補佐官に出る者もいる。これらに続くのは、師団参謀、連隊付、大隊長で、早めに佐官時の二年以上の隊付勤務を消化しておけという配慮もあるが、これらはだいぶランクが落ちる。

まだ大尉で中隊長の時に、「軍事課にこい」と早めに声が掛かるのが、俊才と認められた証しだ。なお、まだ大尉の時は部隊に籍を置き、官衙の勤務将校という扱いで、少佐になって正式な課員、部員となるのが一般的だ。ちなみに参謀本部も課で構成されているのに、部員と呼ばれていた。これは、参謀本部の編制は軍機（軍事機密）だったので、一括して参謀本部部員と人事発令されたことによる。部員というと響きが良いし、超エリートの通称と勘違いされたようで、今日でも防衛省内局のシビルのプロパーは部員と呼び合っている。

中央官衙に勤務する者が、階級に応じてどのようなポストに就くか、前に紹介した天保銭組のモデル・ケースを参考にしてもらいたいが、ここでは少し細かく平時の軍務局を例にして見ておこう。まず少佐で課員だ。この頃、軍事研究のためと称する海外駐在の機会が与えられる。研究といっても、行って帰ってくるだけということで〝鳩旅行〟と呼ばれていた。少佐の古参になると、予算班長か編制班長を務め、中佐で高級課員となる。

大佐に進級すれば、多くの場合、将官進級の条件となる佐官時に二年以上の隊付勤務をクリアーするため連隊長に転出する。軍務局育ちともなれば、空きがある限り、在京連隊、少なくとも第一師団隷下の連隊だ。これは、前任者に問い合わせをする場合もあるので、東京近辺に置くという意味もあり、必ずしも甘やかすということでもない。

団隊長は最低二年の継続勤務が内規で、それから中央に戻って軍事課長だ。参謀本部の第二課長などでは、連隊長の前に課長となるケースもあったが、こういう抜擢は良い結果を生まない場合も多かった。若僧とか、甘やかされていると見られるからだろうし、周囲とのバランスも問題になるからだ。

◆さらに苛酷な将官レース

大佐になれば、次は将官と欲が出るのが人間というものだ。大佐の実役停年は二年、加えて佐官時代に二年以上の隊付勤務をした者に少将昇進のパスポートが与えられる。しかし、これはあくまで制度上の話で現実は厳しい。軍縮期には、大佐を六年務め、選ばれし者が少将に進級するのが一般的だった。超エリートで出世街道一直線の永田鉄山ですら、大佐を五年一ヵ月務めている。

大佐に進級してからは、四年がひと区切りとなる。それまでの経歴などで少将進級が見込めないとなれば、その四年の間に大佐のまま予備役編入となる。この関門をくぐり抜けても、残る二年の間で大佐の定限年齢五五歳を迎える者も出てくる。この場合は、待命となっている時に少将に進級させて予備役に編入するのが通例だった。これがいわゆる名誉進級で、陸上自衛隊で「営門将補」と呼ばれるものと同じだ。この制度（慣例）は、将官にもあり、大将のほぼ一割がこの進級待命（進待）だった。

人員数が最低になっていた昭和十年頃でも、大佐の定員は三〇〇人を超えていたが、少将の定員は約一三〇人だった。平時においては、将官へはこれほど狭き門だったが、支那事変の勃発による大拡張で緩和されたかと思えば、将官に限ればそういうこともない。昭和十四年当時、現役の大佐は約一三〇〇人、これに対して現役の少将は約四〇〇人だったから、将官への競争率はむしろ高まっていた。

さて少将となると、幅広い職務を経験させ、かつ省部で顔を売るということで、中央三官衙間の人事交流の対象になる場合が多い。また、中将へのパスポートとして旅団長に転出するのが一般的だ。そして古参の少将で陸軍省の局長、参謀本部の部長、教育総監部ならば各学校の幹事だ。

さらに中将へ進むとなると大変だ。支那事変の直前、中将の定員は五七人、少将の半分ほどだ。そこであれこれ壁を作って脱落者を求める。その最大のイベントが毎年、参謀総長が主催する将官演習旅行だ。これに参加しなくても中将への道が開かれているエリートもいないことはないが、それはごく一握りだ。ここで成績不良との烙印を押されれば、即予備役編入となりかねないし、中将は夢となる。

陸大恩賜ならば中将間違いなしとは語られていたが、人の話だけでは安心していられない。鋭いあまりに将官演習旅行で統裁部と衝突したら、いくら恩賜の軍刀だからといっても容赦はされない。また陸大教官の時、あまりに革新的な教育をして中央から睨まれると、少将になっていても放逐される。とにかく減点主義のエリミネートだから油断も隙もない。そして健康だ。軍縮期、一選抜の者でも中将進級時には五〇歳を超えており、体の不調が出てくる頃だ。国軍にとって必要欠かせない人材だったのに残念だなどとの慰めの言葉は掛けられるものの、中将候補減らしの格好な対象となる。

日本は意外なことに、陸海軍共に大将を安売りしない国だった。大将とは西郷隆盛のイメージからか、単なる階級ではなく総大将という位置付けだったのだろう。また、戦場で偉勲を立てた将官こそが大将ということで、極力その数を抑えていたようにも思える。平時の最後、昭和十一年度で陸軍総員二四万人、大将の定員は一三人だった。これが戦時となった十四年で総員一二四万人となって大将の定員は一八人、現員一二人で充足していなかった。敗戦時、全軍六四〇万人に対して大将の定員は二一人、予備役二人を召集してようやく充足していた。

世界的に見ると、平時には兵員二〇万人から三〇万人に対して大将一人が理想とされる。それからしても、日本陸軍が大将を濫造しなかったことは、一つの見識だったといえよう。しかし、支那事変が始まると大将を増やせ、予備役の大将を召集しろとの声が高まった。方面軍司令部が設けられるようになったのだから当然だ。ところが、そう強く主張していた人も、いざ自分が大将になると、大将厳選主義に転じて、極力大将の数を抑える側に回ったというから、軍人とは不思議なものだ。

さて、大将進級の資格は、中将の実役停年四年をクリアーして、軍司令官など枢要な職務を果たしたことだ。実際には、中将六年以上が内規だった。昭和十六年十月、東条英機は首相就任と共に大将に進級した。東条は航空総監、陸相を歴任しているから、経験した職務についは問題ないが、中将の実役停年がまだ五年で内規をクリアーしていなかった。しかし、首相が中将では貫禄に欠けるとなり、勅命で特例を設けて五年でも可として大将進級となった。また、この時もうひとつの内規が破られた。東条の陸士一七期、この期の中将の先任者は、熊本幼年学校、中央幼年学校、陸士そして陸大と恩賜四連発の篠塚義男だった。当時、篠塚は軍事参議官兼陸士校長だったが、陸軍においては「階級に職務が付いてくる」というのが階級と職務の全体を見てきたが、彼を取り残して東条一人が大将となった。

人事管理の原則だったことが分かる。平時における人事管理の手法としては、各国も同様だった。軍の規模が一定で、ポストの数が同じならば、これでしか人事管理はできない。しかし、日本の陸軍は戦時になってもその原則を崩さなかった。「職務に階級が付いてくる」に転換しなければ、戦争が求めるダイナミックな人事は形にならない。

もちろん日本でも戦時になって、進級が早まったり、一階級下の者でも補職できるという規則によって中佐の連隊長、少将の師団長は生まれたが、それは人事管理の抜本的な転換ではなく、あくまで応急的な施策にすぎない。これでは大量動員、大量損耗に対応できず、それが日本の敗因のひとつになったと見るべきだろう。

◆計画人事の「帯」

霞ヶ関にあった海軍省人事局の第一課（補任課）は敷居が高いところで、いくら親しい同期生がいても、特に用事がない限り、遠慮するのが常識とされていた。なぜかといえば、海軍において人事に関する事項の多くは「人秘」と称して、極秘どころか最高度の軍事機密扱いになっていたからだ。これは対外的な防諜のためというよりは、人事が事前に部内に漏れないようにとの配慮からだった。海軍は長期にわたる計画人事を行なっていたから、これが知れ渡ったら大変なことになりかねない。

海軍兵学校を恩賜で卒業した者（恩賜の短刀組）、すなわちハンモックナンバー一桁の者、これがおおむね海軍大学校恩賜となるが、このグループを他の者とは別枠扱いとし、極端にいえば、海相、軍令部総長、連合艦隊司令長官になるまでに歩くポストを概略決めておく。すなわち超エリートには、長期的な人事の「帯」（もしくは「線」、トラック）を少佐の頃から設定してしまう。すなわちこれが海軍の計画人事だ。これを円滑に進めるため、第一課の課員はそれぞれ特定の士官を担当して、長期計画に修正を加えつつ人事を動かして行く。

このような長期にわたる人事計画が海軍で可能だった背景は、さまざま考えられるだろう。海兵の生徒全員は中学校卒で、外国語は英語で統一され、また陸士のように予科と本科に分かれていないから、その卒業成績は絶対視できる。卒業後は、砲術、航海、水雷、通信と分化するが、陸軍の兵科のように垣根が高いものではなく、一律の人事管理ができる。そして平時の兵科士官は五〇〇〇人ほど、陸軍の六分の一程度と小さい世帯だったことも、人事の長期計画を可能にした。

このような計画人事を行なったから、海軍の人事は公正かつ明朗なものだったとされてきた。しかし、この人事システムは、大多数の諦観の上に成り立っている面もある。「俺は海兵で勉強しなかったから一生、車引き（駆逐艦乗り）でも仕方がない」ということで、出世する者を嫉妬しないから、この人事管理でも波風が立たない。これも平時の話で、戦時ともなれば、この駆逐艦乗りの活躍いかんで国運が左右される。それなのに「赤レンガ（海軍省、軍令部）の連中はなにをしているのだ」となる。戦時に通用しない軍隊の人事システムとはなんなのだということだ。

では、陸軍では海軍のような計画人事を行なっていなかったかといえば、決してそんなことはない。むしろ陸軍の方がより精緻、より複雑な人事の「帯」を設定し、それに沿った計画人事を行なっていた。天保銭トップクラスの者、無天組でも上位者の人事の「帯」は基本的に前に示した通りだ。

この「帯」には書き込めない多くの要素があり、それらが絡み合ってその人の将来が決まる。まずは、幼年学校出身か、中学出身かだ。幼年学校出のD（カデット＝KDのD）は、中学出のP（空包＝プラッツパトローネのP）よりも五年間、軍事教育を受けた期間が長い。この差は任官後一〇年もたたずに均一化された。しかし、そこに解消できない語学の問題がある。幼年学校出身者は、ドイツ語、フランス語、ロシア語いずれかひとつを学んでいる。当時、軍事の先進国はドイツとフランス、そして仮想敵はソ連だから、そこに幼年学校の存在意義があり、そのため幼年学校出身者が主流を占めるようになる。

そして士官学校予科、昭和十二年以降は予科士官学校を卒業する際に、歩兵科、騎兵科、砲兵科、工兵科、輜重兵科に分かれる。圧倒的に数が多いということで歩兵科が主流を占めるが、歩兵の次に数が多い砲兵科、数理的な能力がある工兵科もそれなりの勢力を保つ。また、砲兵、工兵、輜重兵には、技術と運用の二系統があるから、さらに複雑になる。

陸軍大学校というふるいで、天保銭組と無天組、別な表現をすれば幕僚将校と隊付将校とに分かれる。その天保銭組も、大きく軍政屋と軍令屋とに分かれる。いわゆる陸軍省系、参謀本部系だが、そこに教育総監部系が絡む。また軍令屋は、作戦、情報、兵站、戦史と分岐するから、人事の「帯」は常に修正を加えなければならない。

陸大在学中から、中国屋という者も生まれる。横文字が苦手で漢字の中国語に流れた傍流とされるのが中国屋だった。しかし、日本にとって対中関係は常に大問題となったから、この中国屋は隠然たる勢力に成長した。敗戦後、A級戦犯となって刑死した七人のうち、松井石根、板垣征四郎、土肥原賢二の三人は、中国屋の代表選手だった。これまた傍流とされた輜重兵科出身で中国屋の柴山兼四郎は、敗戦への動きの中で陸軍次官の重職にあった。このように陸軍の人事を決める個人の要素は複雑だから、ハンモックナンバーで割り切った海軍のような計画人事は無理なのだ。

また、個々人についての「帯」に加え、それぞれのポストについての「帯」がある。このポストには、このような経歴の者をあてるというもので、重要な職になればなるほど、この「帯」が重視される。例えば、軍政と軍令の中枢を担う陸軍省軍務局長、参謀本部第一部長の場合、次のような「帯」になる。

階級	[陸軍省軍務局長への帯]	[参謀本部第一部長への帯]
大尉	軍事課勤務将校	第一部勤務将校

少佐　軍事課課員、予算班長、編制班長　　第二課部員
中佐　軍事課高級課員　　　　　　　　　第二課作戦班長、兵站班長
大佐　軍事課長　　　　　　　　　　　　第二課長
少将　軍務局長　　　　　　　　　　　　第一部長

この「帯」は、あくまで候補者選定の目安で、この通り栄進した人は滅多にいない。宇垣一成は、参謀本部部員から教育総監部第一課長、次いで軍事課長を二度やりながら、参謀本部第一部長、教育総監部本部長と回って次官、大臣となった。畑俊六は、第一部勤務将校に始まり、ほぼこのコースで第一部長となった珍しいケースだ。

永田鉄山は、海外駐在の関係もあり教育総監部での勤務が長く、中佐になってから軍事課高級課員となって軍政の中枢部にデビューして、そこからは順当に初代の整備局動員課長をへて軍事課長、軍務局長と上り詰めた。昭和十年八月に斬殺されなければ、十三年頃には永田陸相が誕生した可能性もある。

この局長、部長の先だが、軍務局長をやればおおむね陸相となるかと思えば、昭和に入ってからそのコースをたどったのは杉山元だけだ。第一部長を経験して参謀総長にまで上り詰めたのは、金谷範三ただひとりというのも、トップ人事の難しさを実感させられる。昭和に入ってからのことになるが、このあたりの機微は、ライバルとされた石原莞爾と武藤章の軍歴に見ることができよう。

	［石原莞爾］	［武藤章］
明38	仙台幼年卒業（六期）	
39		
40		
41		
42	陸士卒業（二一期）、少尉、歩兵第六五連隊付	熊本幼年卒業（九期）
43		
44		
45		
大2	中尉	陸士卒業（二五期）、少尉、歩兵第七二連隊付
3		
4	陸大入校	
5		
6		中尉、陸大入校
7	陸大卒業（三〇期、恩賜）、	
8	大尉、歩兵第六五連隊中隊長、教育総監部付	
9	中支派遣隊付	陸大卒業（三二期、恩賜）

10	陸大教官	陸士付
11	ドイツ駐在	教育総監部付、大尉
12		ドイツ駐在
13	少佐	
14	陸大教官	教育総監部付
15		
昭2		
3	中佐、関東軍参謀	少佐
4		
5		参謀本部第四課部員
6		
7	大佐、兵器本廠付、ジュネーブ派遣	兼陸大教官、中佐
8	歩兵第四連隊長	
9		歩兵第一連隊付
10	参謀本部第二課長（作戦）	軍務局付
11	参謀本部第二課長（戦争指導）	関東軍参謀、大佐
12	少将、参謀本部第一部長、関東軍参謀副長	参謀本部第三課長（作戦）、中支那方面軍参謀

副長

13	舞鶴要塞司令官	北支那方面軍参謀副長
14	中将、第一六師団長	少将、軍務局長
15		
16	待命、予備役	中将
17		近衛師団長
18		近衛第二師団長
19		第一四方面軍参謀長
20		

武藤 章

このように石原莞爾と武藤章、昭和の陸軍を代表する二人だが、まったく経歴が異なり、かつ共に異色な軍歴だ。

石原莞爾は参謀本部、陸軍省の勤務がないのに、満州事変の立役者ということだけで参謀本部第二課長の要職に就いた。また、武藤章は最初の団隊長職がなんと師団長という空前の経歴だ。このような軍歴の者でも、中央官衙の要職に就けるのだから、陸軍の人事とは複雑なものだ。

人事を扱う部署

◆部隊で人事を扱う部署

前述したように、佐官以下の人事は原則として師団長などの所管長官の上申に基づいて陸相が決裁し、准士官以下についての権限は所管長官に委任されていた。さて、その具体的な実態だが、部下と直接、接してその考科表を調製する連隊長の意向は強く、おおむねその上申で決まる。平時の歩兵連隊では、主計、軍医を含めて六〇人ほどの将校が勤務していたが、この考科表を書くのは大仕事だから、かなりの部分を副官が引き受けていたはずだ。連隊で資料を整えてから、それを師団司令部に回す。

「人事は統帥の根源」という観念から、それは幕僚系統で扱うことにはなっていた。ところが師団司令部には、参謀長と作戦、後方の参謀二人しかいない。こうなると幕僚の一員、高級副官と次級副官に書類が回ることとなる。日露戦争の前からそういうことになっていた。問題は、この副官のほとんどが幕僚としての教育を受けておらず、実務で得た経験に基づいて人事を扱っていたことだ。

そもそも人事管理の統一的な手法が定められていなかった。マンパワーの最高能率的な利用をどうすれば良いかというコンセプトをどこかで定めて、それをどこで教育していたかと思えば、そういう教育課程はなく、従ってどこでも教えていなかった。陸士、陸大でも人事管理についての課目はない。歩兵学校などの実施学校では、戦術、戦法、技術の教育だけだ。主計ならば経理学校、医務ならば軍医学校という具合に専門教育をするところがあったが、人事となるとそれに準じる教育機関がなかった。

どのような事情からか、人事に精通している人材を養成していなかったのだから、米軍や陸上自衛隊のように、連隊本部に一係（S1）、師団司令部に一般幕僚一部（G1）を設けて人事管理、人事見積をしようにもできない。ただ、関東軍や支那派遣軍の司令部のように大きい所帯では、人事参謀のポストを設けたり、敗戦直前の昭和二十年四月に編成された第一総軍、第二総軍の司令部では、独立した形で人事担当の参謀一人を配置していた。しかし、人事についての教育がなされていないのだから、ポストを設けても、その結果は知れている。

各級部隊における人事担当部署が手薄だったのは、ドイツ軍を手本とした中央集権的な体制の結果だった。第二次世界大戦中のドイツ陸軍では、参謀本部中央人事部で全般を管理していた。まさに「人事は統帥の根源」だから軍令系統で扱うということだ。ところがスターリングラード戦後の一九四三年からは、中央人事部は陸軍人事局の統制下に置かれることとなった。しかも人事局長は、総統官房副官部の副官長が兼務することになり、軍政が人事に介入し、ヒトラーの直接統制の色合いが深まった。

◆人事局と補任課

陸海軍共に明治三十三年五月、陸軍省、海軍省の中に人事局を設けて敗戦まで変わらなかった。海軍省人事局は、第一課（補任課）、第二課（恩賞・援護）の二課だったが、昭和十九年三月に第三課（充員課）、二十年二月に第四課（労務課）を新設している。陸軍省人事局は、補任課と恩賞課の二課に始まり、昭和十一年八月に徴募課を設けたが、十四年一月に徴募課は兵備課と改称して兵務局に移っている。

白川義則

人事は統率に直結するとしていたのに、なぜ、軍令部、参謀本部の中に人事部局を設けなかったのか。海軍の場合、山本権兵衛がひいた路線なのか、伝統的に軍政が優勢で、また戦時には連合艦隊司令部の権能も大きいため、軍令部に人事部局を設けなかったと理解できる。海軍省に予算と人事を集中させ、その強力な態勢で十分な建艦費を確保しようとしたわけだ。

では、陸軍の場合はどうなのか。おおむね参謀総長には最先任者をすえてきたのだから、天皇の任官大権の事務を参謀本部にとらせてもおかしくはない。そうしなかった理由は、海軍の場合と同じく、陸軍大臣の政治的立場を強固にするためだったと考えられる。徴兵制に立脚している陸軍は、常に政治動向に気を遣い、陸相はほかの閣僚より一格上、首相と同等の立場にありたいとする。そこで、予算と人事を握らせ、部内に対して絶対的な権威を振るわせ、それをバックに政治との関係を円滑なものにしようと考えていたのだろう。

　本来ならば、前述したように天皇の任官大権というものが人事の法律的な根拠なのだから、人事院、人事総局といった独立機関を設けて、陸海軍の統合人事をそこで行なうというのが一番筋が通っている。そういう制度ならば、なにやら古めかしい位階勲等を授ける意味もより鮮明になる。実はこの人事を扱う独立機関の創設は、何回も提案されていたが、それについては後述したい。

　陸軍省といえば、予算を扱い陸相の参謀長役とされる軍務局長が目立つ存在だ。しかし、将官人事を扱う人事局長も隠然とした勢力を誇る。人事局長をやり陸相にまで上り詰めた人には、白川義則、川島義之、中村孝太郎、阿南惟幾と四人、さらに参謀総長となった河合操も人事局長をやっている。ひょっとしたら軍務局長より実力があったのではとまで思われてくる。歴代の陸軍大臣、人事局長、補任課長は次表の通り。

〔歴代の陸軍大臣、人事局長、補任課長〕

	陸軍大臣	人事局長	補任課長
明治33年	児玉源太郎	中岡黙	平井正衡
34年			
35年	寺内正毅（3月）		深谷又三郎（1月）

36年
37年　　　　　　　　　　　立花小一郎（1月）
38年　　　　　本郷房太郎（9月）　草生政恒（9月）
39年
40年
41年
42年　　　　　山田忠三郎（11月）
43年
44年　石本新六（8月）
45年　上原勇作（4月）　河合操（4月）　中屋則哲（4月）
大正元年　木越安綱（12月）
2年　楠瀬幸彦（6月）
3年　岡市之助（4月）　　　　　　竹上常三郎（8月）
4年　　　　　菊池慎之助（1月）
5年　大島健一（3月）　白川義則（8月）　河西惟一（8月）
6年
7年　田中義一（9月）
8年　　　　　竹上常三郎（1月）

9年　　　　　　　　　　　　　　加納重之（5月）
10年　山梨半造（6月）
11年
12年　田中義一（9月）　長谷川直敏（8月）　佐藤子之助（2月）
13年　宇垣一成（1月）
14年　　　　　　　　　　　　　　古川三郎（5月）
15年　　　　　　　　川島義之（3月）
昭和元年
2年　白川義則（4月）　　　　　　沖直道（7月）
3年
4年　宇垣一成（7月）　古荘幹郎（8月）　岡村寧次（8月）
5年　　　　　　　　中村孝太郎（12月）
6年　南次郎（4月）
　　荒木貞夫（12月）
7年　　　　　　　　松浦淳六郎（2月）　磯谷廉介（4月）
8年　　　　　　　　　　　　　　小藤恵（3月）
9年　林銑十郎（1月）
10年　川島義之（9月）　今井清（3月）

11年	寺内寿一（3月）	後宮淳（8月）	加藤守雄（8月）
12年	中村孝太郎（2月）		
	杉山元（2月）	阿南惟幾（3月）	青木重誠（8月）
13年	板垣征四郎（6月）	飯沼守（11月）	額田坦（7月）
14年	畑俊六（8月）	野田謙吾（10月）	
15年	東条英機（7月）		那須義雄（8月）
16年		冨永恭次（4月）	岡田重一（10月）
17年			
18年			
19年	杉山元（7月）	岡田重一（7月）	新宮陽太（7月）
20年	阿南惟幾（4月）	額田坦（2月）	

人事局が設けられて以来、初代局長の中岡默から最後の額田坦まで局長は二〇人を数えるが、山口、鹿児島の出身者は皆無だった。山口出身者が並ぶ軍務局長とは好対照で、人事は公平中立なものだとアピールしていたように思われる。事実、歴代の人事局長は穏健中立と見られる人がほとんどだ。これといって派閥を作ったり、やろうと思えば己の栄達のレールもひけるのに、そういった風評も聞かれない。ただ、後宮淳と冨永恭次という例外があると

は語られている。しかし、後宮の場合は二・二六事件、冨永の場合は東条英機の存在と背景が複雑だから、この二人を攻撃してもそう意味のあることではない。

主に佐官の人事を扱うのが補任課ということだが、考科表を管理しているのはここだから、圧倒的なパワーを秘めている。佐官になるとだいぶ人数は絞られてくるが、昭和二十年現在で現員四万人を超えていた。この人事管理をしている補任課の陣容は、昭和十九年九月現在で、大佐の課長以下、九人だった。文官の属官がかなりの人数いたにしろ、コンピュータはもちろんコピーマシンもない時代、どうやっていたのか不思議になる。中央官衙はどこでもそうだが、秘密を守るためそれを扱う人員を極力抑えた結果だ。

補任課といえば、その特徴は課員全員が歩兵科だったことだ。昭和十六年度から兵科が撤廃されたが、それからも歩兵だけが不文律だった。さらには課長以下、できるだけ幼年学校出身者をあてるのも補任課の特徴だ。どうしてここまで閉鎖的かといえば、それはまさしく陸軍の体質そのものだった。

軍歌にもあるように、「軍の主兵は歩兵」であって、ほかの兵科は歩兵に付いてくればよいという考え方が根本にある。また、ほかの兵科には歩兵科にはない監部があり、騎兵監、砲兵監、工兵監、輜重兵監と各兵科の「監」がおり、人事上の意見は、そこを通して表明できるのだから、必ずしも歩兵横暴ではないという理屈だ。そして幼年学校出身者で固めるのは、中学出身者は秘密が守れないからが理由だった。軍人が秘密を守れないとは困ったことだが、それならば中学出身者を採用しないで、陸士は全員、幼年学校出身者にしなければならないはずだ。ともあれ、この幼年学校出身者の重用は、日本陸軍の奇妙な点だった。

歩兵と幼年学校出身者で固め、〝秘密を守れる者〟だけの補任課で秘密裏に人事全般を取り扱っていたのかと思えば、実はそうでもなかった。考科表の写を持っているところすべてが、なんらかの形で人事に介入していたのだ。参謀本部は参謀適格者について、教育総監部は学校教官ばかりか歩兵科以外の将校について、技術本部は技術将校について、さらには陸軍省の経理局、医務局、法務局はそれぞれの各部将校について、自分のところの事情による人事案を押し通そうとする。この攻勢に補任課がタジタジとなったケースも多かった。技術や各部についてまで補任課の歩兵科将校が知っているはずもなく、相手の言いなりになるしかない。それだからこそ、ますます秘密が強調される。

◆別枠扱いだった参謀人事

天保銭組の参謀適格者は、別枠で人事管理をしていた。参謀総長は参謀の職にある将校を統督すると定められていたから、当然この人事は参謀本部が扱うとしていた。しかも、陸軍大学校は参謀本部の管轄下にある。陸大の成績や参謀勤務時の考科表は、参謀本部が握っている。そういうことで参謀本部は、現役停年名簿とは別に参謀適格者名簿を調製して、それに基づいて参謀本部総務部の庶務課が人事を扱っていた。統帥権に直結するものだから、陸軍省補任課の人事案よりも優先される傾向にあった。

昭和十一年の二・二六事件後、事件の反省から人事を一元化して軍紀を引き締め、粛軍の実を上げようということになった。そこでまず、人事局が教育総監部や陸軍省の経理局、医務局、法務局から考科表の写を取り上げ、人事に干渉することを防止しようとした。これは、次官の梅津美治郎、人事局長の後宮淳、補任課長の加藤守雄の三人による施策だった。大騒動になるのを防ぐため、根回しをすることなく「直ちに考科表の写を人事局に差し出せ」とやった。どこも反発はしたものの、人事を握る者には逆らえず、一件落着かに見えた。

残るは難物の参謀本部だ。それまで参謀の人事を扱ってきたのには、十分な根拠があるのだから、この人事の一元化に強く抵抗するのも無理はない。当時、参謀本部の総務部長は飯田貞固で、彼は騎兵科出身の紳士だから、自らは修羅場に乗り出さない。代わって突撃したのが、庶務課長代理の冨永恭次だった。

中佐ながら積極果敢な冨永恭次は、教育総監部などにも働き掛けて、人事一元化反対の統一戦線を築き始めた。一介の中佐風情、高級部員といっても参謀本部の総務部は傍流、どうにでもなりそうだが、放っておけない事情があった。人事局が一番気にしていたのは、この動きが陸軍省医務局に波及することだった。

戦時動員した場合、軍医が絶対的に足りないことは明らかで、その充員が大きな問題だった。これを解決するには、まず大学医学部や医学専門学校を監督する文部省がからみ、医療行政の面で内務省が関係してくる（昭和十三年一月、厚生省が独立）。そんな厄介な問題を抱えている時に、本家本元の医務局がヘソを曲げられては困る。加えて医務局そのものが軍人にはよく理解できなかった。とにかく軍医の世界は複雑で、東大閥と京大閥の暗闘がある。

そして医務局の衛生課と医事課の対立がある。大学出身者主体の衛生課と医学専門学校出身者主体の医事課の関係は、しっくりしたものではなかった。そんな複雑怪奇なところに、人事という爆弾を投げ込んだらどうなるか。

そこで加藤守雄補任課長は、冨永恭次庶務課長代理と協議し、人事局側が譲歩することとなった。すなわち、

一、参謀の人事は従来通り、参謀本部で起案

一、陸大新卒者の配当も従来通り、参謀本部で起案

と参謀本部の全面勝利となった。これを覚書とし、末尾に「これは秘密」の一項を加えた。秘密となれば、すぐに知れ渡るのが世の常、少なくとも中央官衙に勤務する者は、この協定の存在を知っていたはずだ。だが誰もが黙っている。なぜならば、陸大在学中の行状から成績まで参謀本部に資料があるので、口を出せば損をするからだ。こうして参謀本部は人事権を死守したが、このあたりから参謀横暴の伏線が生まれだし、冨永恭次の不可解な栄達が始まった。

◆人事屋なるものの登場

人事一元化の試みも参謀本部の横槍で不完全な形に終わったが、補任課と庶務課の人事交流によって、一元化はかなり期待できる。実際、以前からこのタスキ掛け人事が行なわれていた。古い話だが、陸士三期の中野則哲、五期の竹上常三郎の二人は、補任課長と庶務課長

の両方に就いている。また、人事担当部局には、いわゆる常識人があてられ、ほかの部局への気配りを忘れなかったとも語られている。さらに活発な人事交流の結果、まったく畑違いの者が人事の世界に回され、新風を吹き込んだ。例えば、戦史が専門の岡村寧次、中国屋の磯谷廉介、欧米情報の小藤恵といった人も補任課長に上番している。

ところが二・二六事件以降、前述した人事一元化という掛け声で人事担当者の権力と権威が高まり、いわゆる人事屋と呼ばれる一団が生まれた。例え人事一元化という施策がなかったとしても、人事屋として固まる素地はあった。海軍が人事事項を「人秘」として軍事機密扱いしたほどではないにしろ、陸軍でも人事に関しては密室主義だった。そのため人事担当部局はモンロー主義を信奉するようになる。

陸軍でモンロー主義といえば、参謀本部第二課（作戦課）だ。第二課は長らく三宅坂の参謀本部本館裏の二階にあったが、よほどの用件がない限り、誰も足を向けないほど密室主義が徹底していた。しかし、そんなかたくなな姿勢だけでは第二課の業務は進まない。第二課がある作戦計画を立案した場合、兵力や部隊の手当をしなければならないから、どうしても第一課（編制動員課）、庶務課と連帯（協議）して詰めて行かなければならない。さらには予算の問題を解決するため、陸軍省軍務局の軍事課予算班とも連帯する必要が生まれる。第二課はモンロー主義だとはいっても、まったく孤立していたのではない。

ところが、補任課は違う。進級、異動は部隊を動かすわけでもない。また予算についても、進級に応じた増俸や新任地への旅費程度の話だ。すなわち、ほかの部局との連帯の必要性はごく少なく、モンロー主義、密室主義を貫くことができる。もちろんほかの部局から陳情めいた連帯を求めてくる場合もある。各部将校は別として、それを撃退する方法はいくらでもある。実役停年が足りない、まだ中隊長をやっていない、三年以上の隊付をしていない、団隊長の勤務は二年以上などとあれこれ理由を説明して、最終兵器の考科表をちらつかせれば、たいていの相手は黙り込むしかない。

さらなる問題は、人事の一貫性を保つため、人事部局の勤務は長くなることだ。そのため補任課などには、〝主〟のような者が現われ、異様なまでに権勢を振るうようになりかねない。実際、そういうケースもあり、部内外から「奴をどうにかしろ、彼が人事のガンだ」という声が上がったこともある。人事刷新、活気に満ちたフレッシュな人事をと掛け声を上げている当の人事部局の人事が停滞しているということだ。

どんな長期勤務になるか、実例を二つ上げておきたい。岡山出身、陸士二九期、陸大四〇期の額田坦は本来、教育総監部育ちの人だが、二・二六事件の直後、歩兵学校研究部から補任課に異動となった。そして高級課員をへて、昭和十三年七月から十五年八月まで補任課長を務めた。そして、十七年十二月から十八年十月まで参謀本部総務部長、二十年二月から敗戦まで人事局長だ。

また一人は、高知出身、陸士三一期、陸大四一期の岡田重一だ。彼は杭州湾上陸の第一〇軍参謀、関東軍第一課作戦班長、そして昭和十四年十月から十五年九月まで参謀本部第二課長を務めた作戦屋の俊才だ。どうしてか第二課長に上番する前は庶務課長を務め、十六年十月から十九年七月まで補任課長、続いて二十年二月まで人事局長を務めた。岡田は大東亜戦争のほぼ全期間、人事に携わったことになる。

そもそも人事屋は、生殺与奪の権を握っているかのように思われがちで、それに対しては低姿勢にしているのが利口となる。それを良いことに人事屋は、肩で風を切り、不遜だと白い目で見られるようになる。もちろん人事屋でも、いつまでも補任課にいるわけにもいかず、いつかどこかに転出する。補任課にいれば、自分の転出先はかなり前から知ることができるが、傍から見るとそれも面白くない。まして、転出先がまたも花の東京勤務となったり、地方に出るにしても郷里だったりすると、「自分で自分のレールをひいている」と噂される。さらには、早く人事局に帰れるように画策しているとなれば非難ごうごうだ。このように人事屋に対する反感の根は深い。

額田 坦

さてここで、人事畑に進む者の平均像を追ってみよう。陸大に合格する者のかなりの数が中尉の時に陸士予科の区隊長に配置され、勉学の機会が与えられた。人事屋の多くもそれだったと指摘されている。そして、陸大の成績も特に目だった者も少ない。昭和期、補任課長になった人で陸大恩賜は、青木重誠、参謀本部庶務課長は篠塚義男と吉本貞一がいるが、三人とも人事畑の生え抜きではない。

要するに、飛び抜けて優秀でもなく、作戦、情報、兵站などの得意技を持たない平凡な歩兵科の者が人事屋と見られた。そして年季稼ぎの部隊勤務を挟みながら、人事部局にしがみ付いているとはけしからんとなる。もちろん例外はあるにしても、まんざら的外れではないから、こんな悪口が残っているのだろう。そんなに能力もなく、部隊の実情も知らない連中が、先入観や思い込み、果ては怪しげな噂を材料に人の一生を決めかねない人事をするとはどういうことかとなる。

それは事実無根の誹謗というもの、好き好んでこの人事畑に入ったのではないと、人事屋が反発するのもまた当然だ。それなのに迫害じみたことをされれば、人事屋は肩を寄せ合い、その殻に閉じこもる。そうなると、ますます人事屋の人事が停滞するし、人事が不明朗なものに見えてしまう。そこで教訓だが、人事刷新は、まず人事当局者の人事から始めよということになるわけだ。

第Ⅲ部　常に問題を抱えた人事

「現時の人事は無能の淘汰、先任順に去就するという風である。所謂不平不満を免かるべき消極的な行為である」

宇垣一成

人事権を握る陸相人事の迷走

◆藩閥と元老が支配した時代

明治十八（一八八五）年十二月二十二日、太政官制が廃止されて内閣制度となり、これに伴い陸軍卿、海軍卿が陸軍大臣、海軍大臣と改称された。そして大東亜戦争の敗戦となり、昭和二十（一九四五）年十一月三十日に陸軍省、海軍省が廃止となり、両軍部大臣の職は廃官となった。この六〇年の歴史の中で、陸相は三五代にわたるが、間を置いて再任、再再任のケースがあるので、陸相を歴任した者は二九人を数える。

この二九人の出身地を見ると、次のようになる。山口六人、鹿児島三人、石川三人、高知、愛媛、大分、岩手各二人、兵庫、宮崎、京都、岐阜、神奈川、岡山、東京、福岡、福島各一人だ。石川や愛媛の健闘振りが目を引くし、戊辰戦争で朝敵に回った岩手、福島も陸相を出している。と同時に、あれほど多くの将軍を生んだ佐賀、熊本出身の陸相がいないとは不思議なことだ。

とにかく〝陸の長州〟〝軍政の山口〟で、ここ出身の陸相の数は群を抜いている。その期間は一六年二ヵ月、全体の三割弱となる。これを明治期に限れば一三年一一ヵ月となり、半分以上だ。明治期でほかはほぼ鹿児島勢が占めたのだから、なんとも分かりやすい藩閥支配の構造だ。それは明治の話だと済まされない。長州閥が張り巡らした軍政屋の人脈は、長く陸軍を支配していた。

薩長以外から初めて陸相となった石本新六は兵庫出身だが、長らく寺内正毅を支えた功に報いる人事だ。大正に入ってすぐに陸相となった木越安綱は石川出身だが、桂太郎との縁を抜きにしては語れない。神奈川出身の山梨半造の陸相就任は、田中義一との関係で簡単に説明できる。岡市之助は京都出身とはなっているが、実は京都勤番の長州藩士の子息だ。神奈川出身の山梨半造の陸相就任は、田中義一との関係で簡単に説明できる。岡山出身の宇垣一成を引き立てたのは岡市之助で、また宇垣を使い続けたのは田中義一だ。これまた分かりやすい構図だ。

少なくとも明治期は、政治そのものも藩閥で動いていたから、政軍関係も単純で、陸相の選定で紛糾することもない。明治二十八年三月、日清戦争が講和の段階に入って難しい時期、山県有朋が陸相に登板した。山県にとっていまさら陸相かというところだが、伊藤博文首相が「陸相は狂介にせよ」といえばそれで決まり、山県でも黙って従わざるを得ない。

日清戦争後の明治二十九年九月、第二次松方正義内閣となるが、鹿児島出身の松方は同郷の高島鞆之助を陸相に起用した。三十一年一月、第三次伊藤博文内閣となり、陸相は山口出身の桂太郎となる。前述したように四十四年八月、石本新六が藩閥以外から初めて陸相になるが、首相が公家の西園寺公望だったことも関係している。

この陸相選定のどれも首相による一本釣だったかどうかは判然としないが、いくら相手が維新の元勲にしろ、部外の言いなりになるとはとの反発が陸軍部内にあったはずだ。そこで、陸相人事は全軍一致の意見という形にするのが山県有朋の役目だった。陸相に限らず、高級人事はまず山県にお伺いを立てるのが慣例で、それも丁重なものだった。

山県有朋は、いつも東京・関口の椿山荘にいるとは限らず、小田原の古希庵、京都の無隣庵と歩いていた。どこにいても参謀本部の部長、陸軍省の局長クラスが使者に立ち、直接了解を得る。山県が大正十一年二月、八五歳で亡くなるまで、これが続いていたという。とにかく山県は、元帥府に列する終身現役の大将、最先任将官なのだから、これくらいの礼儀を尽くすのは当然だし、とにかく決定に大きな重みを与える。

明治の藩閥政治は、国を私物化したなどと批判されるように弊害は大きかったにせよ、こと政軍関係だけを見れば、外見は理想の形だ。軍事は政治に隷属するという理想が実現していたというよりは、政軍一体と表現した方がよいだろう。鋭い政治的なセンスを生来備える防長二州(周防と長門)の出身者が政治と軍事の両方に足を掛けているとの構図があったからこそ、日清戦争と日露戦争を遂行できたのだとお国自慢をされても、反論できるだけの材料がないのが正直なところだ。

そうであっても、この藩閥人事によって多くの人材が野に埋もれたことも事実だ。日露戦争で勇戦した三重の立見尚文、滋賀の中村覚、青森の一戸兵衛らは、大将にこそなったが、

東条英教

陸相にも、参謀総長にも縁がなかった。戦場での実績が処遇に結び付かないとは、人事管理の基本にももとる大きな問題だ。また、早くからその軍事的な才能が認められていた静岡の井口省吾、佐賀の宇都宮太郎も、中央で腕を振るう機会が与えられなかった。岩手の東条英教は大将レースのスタート点に着くずっと前に放逐された。

薩長閥のそと、加えて朝敵藩の出身というだけで、頭を押さえられれば、才能がある者ほど反発するのは当然だ。加えて佐賀の乱、西南戦争の後遺症があるから話は複雑になる。そんな不満が鬱積すると、個人の心の問題だけに止まらず、集団的な意志となり、それが新しい派閥を形成する原因となる。冷遇され続けた宇都宮太郎が核となって、いわゆる薩肥閥が生まれて、昭和期の陸軍に大きな影響を及ぼしたことは周知の事実だ。前述した一夕会も、そんな集団的な意志の現われだった。

少なくとも明治から大正の一桁までは、そのような動きが表面化しなかったのは、圧倒的な長州閥という存在、特に山県有朋という権威があったからだ。山県の跡を継ぐのは、桂太郎、児玉源太郎、寺内正毅の防長トリオだったはずだ。ところが児玉は明治三十九年七月に、桂は大正二年七月に、寺内は大正八年十一月に、山県を残して先立った。これは山県にとって両手両足を失ったのと同然、往時のパワフルな彼ではなくなった。そこでリリーフが田中義一となるが、田中にはカリスマ性や威圧感というものがない。当然のことながら、人口が少ない山口出身の人材は既に払底していた。

そして、人事により重要な影響を及ぼしたのが、教育体系が整備されたことで、特に陸大の充実だった。この陸大が供給する人材に対して、藩閥人事をやろうにも無理になった。それ自体は好ましいことにしろ、天保銭という学歴主義、また恩賜の軍刀という成果主義といったものによる人事が支配的になったことは、藩閥人事とはまた別な弊害を及ぼすことになった。

加えて陸士、陸大での詰め込み教育、その点数で評価されるため、人間が揃って小粒になったことは大きな問題だった。もちろん賛否両論あるだろうが、山県有朋、大山巌といった大物が生まれる風土ではなくなったのだ。さらに陸士一六期、一七期以降、ほとんどの者が実戦を経験しないまま、ただ成績だけで昇進を重ねたことも、昭和の陸軍に大きな影を落としている。

机上の戦術、畳上の水練、しかも陸幼、陸士、陸大での純粋培養の純血主義、さらには部隊勤務を年季稼ぎと軽視する風潮、そんな軍事官僚ばかりとなったら、武装集団としてどうなるのか。実戦というふるいが掛けられないのならば、そこに生まれる欠陥は人事によってのみ是正されるはずだ。日露戦争の直後から、そのような状況になることを予測して、対策を講じておくべきだったのだが、それを怠っていたと思えてならない。

◆朝鮮増師問題の余波

韓国併合は明治四十三（一九一〇）年八月のことで、これによって陸軍は二個師団を増設して朝鮮半島に配備する計画を進めることになった。新しい国土の防衛上、当然の施策だ。またこれに先立つ明治四十年四月に制定された「帝国国防方針」で示された、平時二五個師団・戦時五〇個師団という所要兵力量の整備を達成する重要なステップでもあった。この当時、常設師団は近衛師団を含めて一九個、これをまず二一個師団に拡充し、さらに四個師団増設して平時二五個師団の態勢が確立する。

明治四十四年八月、第二次西園寺公望内閣が成立した際、それまで陸相だった寺内正毅は下番して軍事参議官に回り、次官だった石本新六が陸相に就任した。ところが石本は、翌四十五年四月に急死してしまった。〝もし〟といっても詮ないことながら、石本が健在だったならば、彼の穏健な性格から、次に述べるような騒動は起きなかったはずだ。そう思うと、石本の急死も日本の運命だったとするしかない。

さて、石本新六の後任は、石本よりも二期後輩の旧三期で同じく工兵科出身の上原勇作となった。彼は宮崎の都城出身で、野津道貫の女婿としても有名だ。また、かなりエキセントリックなところもあり、彼の私宅が大森にあったことから、〝大森の雷親爺〟と呼ばれていた。そういう人を公家の内閣に入れれば、問題が起きるのも当然だ。なぜ、ここで旧一期で常識人の木越安綱なり、旧二期の軍務局育ちで政治的センスのある山口出身の長岡外史を起用しなかったのか、謎の多い陸相人事だった。

さて陸相となった上原勇作は、自信満々で朝鮮増師に必要な経費を明治四十六年度予算に盛り込むように閣議で求めた。この原案を作成した軍務局長は田中義一だ。ところが、日露戦争中に起債した外債を処理するため緊縮財政を指針とする政府は、大正元年十一月末の閣議で、陸相案を見送りとした。門前払いされた形になった上原陸相は激高し、十二月二日、軍部大臣にのみ認められていた単独上奏をして辞職してしまった。しかも陸軍は、予算を認めない限り後任陸相は出さない構えを見せた。

本来ならば、ここで山県有朋が調停に立つべきなのだが、彼が制定した形になっている「帝国国防方針」を否定するかのような決定を下した西園寺公望内閣を助けようと思わないのが当然だ。後任陸相が得られないとなれば、内閣総辞職のほかなく、十二月末に西園寺内閣は倒閣した。これで軍人の間に生まれた成功体験は、さまざまな形で悪い影響を及ぼすこととなる。なお、この朝鮮増師問題そのものは、大正三年四月に成立した大隈重信内閣の時に予算措置が認められ、同九年度に朝鮮北部の羅南に第一九師団、京城・龍山に第二〇師団が開庁されている。

上原勇作

総辞職した西園寺公望の後継首班の選定は難航した。松方正義、山本権兵衛が辞退したため、責任を取る形で山県有朋の出馬かとまでいわれたが、桂太郎に落ち着いた。桂が選んだ陸相は、第一師団長の木越安綱だった。桂と木越の縁は深く、明治十七年二月からの大山兵制視察団の訪欧時、随員の一人に桂、それを迎えたドイツ駐在員の一人が木越だった。そして日清戦争時、桂は第三師団長、その参謀長が木越という関係だ。旧一期からとなれば、石本新六亡きあと、木越しかいないという誰もが納得する人事だった。

陸軍部内は収まったにしろ、部外は納得しなかったはずだ。陸相が勝手に辞表を上奏したばかりか、後任陸相を推挙しないで倒閣させるとは何事かというわけだ。これでは政権の安定は望めないとなり、陸軍としてもどうにかしろとの声が高まった。これが強面の首相と陸相だったならば、史実とはまた違った展開になっただろう。しかし、穏健な桂太郎と木越安綱のコンビだから妥協案を出した。明治三十三年五月改正の陸軍省官制を再度改正するというものだ。

具体的にどうするかといえば、官制の備考にある「大臣及総務長官（明治三十六年十二月以降、陸軍次官）ニ任セラルルモノハ現役将官ヲ以テス」を削除するというものだった。一見、たいしたことでもないように思えるが、これで予備役将官も陸相、次官になれる。そうなれば、組閣側が一本釣した者を予備役に編入してしまえば、組閣側の思惑は崩れるという陸軍の奥の手は使えない。内閣が強い武器を手にしたということだ。

この改正案は、省部一体の強い抵抗に遭った。参謀総長の長谷川好道の反対はさておき、お膝下の陸軍省も猛反発した。官制改正となれば、主務課は軍事課だが、その軍事課長の宇垣一成は起案を拒否する。仕方なく柴勝三郎軍務局長自ら渋々と起案する。任務を拒否した宇垣課長は、稟議書に「帝国建軍ノ基礎ヲ危クシ国家ニ害毒ヲ流ス」と捨て台詞を書いた付箋を付ける始末。しかし、いくら憤慨していても、そこは宮仕えの哀しさ、人事権を握る陸相には従わざるを得ない。結局、木越安綱陸相の意図通り、大正二年六月に陸軍省官制が改正され、予備役、後備役の大将、中将にも陸相への道が開かれた。

政党色の強い予備役の将官が陸相に就いたら大変だとなって、それを予防する策が前述した「人事ニ関スル省部覚書」だった。これによって後任陸相は、現陸相、参謀総長、教育総監のいわゆる三長官の協議決定によって内閣首班に推薦することとなり、これが裁可されたのは大正二年七月で、陸相が楠瀬幸彦に代わってからのことだった。なお、木越安綱は大正二年六月に陸相を下番して待命となったが、いわゆる名誉進級の大将になることすらなく軍を去った。

木越安綱が陸相を下番する前の大正二年二月、第一次山本権兵衛内閣が成立していた。この海軍と政友会の連立内閣は、誰を木越の後任にするかが注目された。ふたを開けてみると、下馬評にも上がっていなかった旧三期、高知出身、砲兵科の楠瀬幸彦が起用された。彼は朝鮮公使館付武官だった際、明治二十八年十月の閔妃殺害事件に関与して、日本側の裁判で実刑判決を受けて下獄している。それでも現役に止まるとは、明治の陸軍とは妙なところだ。さらには陸相になれるとは驚きだ。

楠瀬幸彦は、対馬警備隊司令官、樺太守備隊司令官、そして由良要塞司令官を二度も務めると、まったくの裏街道を歩んできた。下獄までしたのだからそれも当然と思うのだが、部内の評はこれと違っていた。彼は川上操六の直系だったから、長州閥に疎外された結果だとする。そんな見方が強かったこともあり、参謀本部第二部長の宇都宮太郎が音頭を取り、第三師団長の上原勇作を巻き込んで、技術審査部長の楠瀬を陸相候補に押し立てた。これ幸いと山本権兵衛がこれに乗ったという構図だ。これも三長官会議が形になる前だったから可能だったのだ。

◆政治志向に傾いた陸軍

三長官会議が機能し始めると、陸相ポストは長州閥、もしくはその亜流が占める時代が続く。大正三年四月、シーメンス事件で第一次山本権兵衛内閣が総辞職となり、第二次大隈重信内閣が成立して陸相は岡市之助となった。そして昭和六年四月、浜口雄幸内閣が倒れて宇垣一成陸相が下番して大分出身の南次郎陸相となるまで、長州支配の態勢だった。長州閥の残照をもって、大正デモクラシーの中で陸軍省という孤城を守ったということになるだろう。

第二次大隈重信内閣の時は、山県有朋が存命だったこともあり、岡市之助と大島健一で乗り切り、大正五年十月からは寺内正毅内閣となって問題は生じなかった。ところが大正七年八月に起きた米騒動で同年九月に寺内内閣は総辞職となり、本格的な政党政治、平民宰相の原敬が登場することとなった。ここで陸軍は、純長州閥で満を持していた田中義一を陸相に送り込んだ。

広く知られているように、田中義一は早くから政治志向だった。彼は明治四十年から歩兵第三連隊長を務めたが、大隈重信を部隊に呼んで講演させたり、「オラ、政友会を買うだ」とうそぶいていた。法螺吹きと思われていたが、大正十四年四月に出所不明な金ながら、高橋是清から政友会を買ったのだから、たいした人物だ。また彼は軍務局軍事課長の時、帝国在郷軍人会の設立を計画し、これまた明治四十三年十一月に形にした。それからは、「オラには在郷軍人三〇〇万人が付いているだ」が口癖となった。とにかく強気で鳴った原敬と田中とは、面白い取り合わせだった。

そんな田中義一が持ち前の政治手腕を発揮して陸軍の発展に尽力したかと思えば、どうもそうではないと受け止める人も多かった。自分が首相になることばかり考えて、その準備のために、なにやらうしろめたいことをしているとの疑惑の目が向けられた。そこに大正七年八月からのシベリア出兵の撤収問題が浮上してきた。政府の早期撤収という方針を受けて、田中は性急に事を運ぼうとした。この出兵は戦争でない以上、軍政系統のみでも処理できるとし、参謀本部の意向をないがしろにしたと見られた。これは大問題ということで非難が集中し、田中は大正十年六月に陸相を下番した。

田中義一

政党に迎合したということに加えて、後任陸相人事も問題視された。田中義一は同期の旧八期、山梨半造を選んだのだ。同期のタライ回し人事は、とかく不明朗なものに映りがちだし、とにかくトップ人事だから噂は噂を呼ぶ。その山梨陸相が、またまた政党に迎合したと見られた。大正十一年八月と翌十二年四月の二次にわたる軍備整理、いわゆる山梨軍縮だ。その主な内容は、各歩兵連隊の三個中隊を欠とし、それに対応する砲兵部隊などもカットするということで、軍縮前の戦力よりも五個師団相当の削減ということになった。

この山梨軍縮によって生まれた喪失感が陸軍を支配する中、大正十二年八月末に加藤友三郎首相が死去して同内閣は総辞職、山梨半造陸相は下番した。後継の第二次山本権兵衛内閣が発足する前の九月一日、関東大震災が起きた、この山本内閣の陸相は、なんと田中義一となった。タライ回しのタライ回しとは、田中の政治への執念はたいしたものだ。ところがその年の十二月末、摂政宮（昭和天皇）が狙撃された虎ノ門事件が起きて、内閣総辞職、田中は軍事参議官に下がった。

突発事態だったため、応急策として枢密院議長の清浦奎吾が後継首班に指名され、貴族院議員を中心に組閣されることとなった。三長官会議では、後任陸相を次官だった宇垣一成としたが、彼はすぐにはこの話を受けなかった。清浦は当時七四歳の老境、加えて政治力に乏しい貴族院議員が主な閣僚では、短命内閣になることは目に見えている。宇垣としては、そんな泥舟に乗って心中はできないということだ。また、清浦は熊本出身だから、上原勇作ら薩肥閥が背後で策動していることを知っていたのだろう。

しかし、田中義一の要請はともかく、参謀総長の河合操、教育総監の大庭二郎の懇請を無下に断わることもできない。そこで改めて見渡せば、陸相適任者もいないし、まごまごしていれば薩肥閥の陸相登場ともなりかねない。宇垣一成ならばやりかねないが、まずはもったいを付けて、恩を売る形にして陸相に上番したとも思えるが、ともあれ強腕陸相の登場ということになった。

そして宇垣一成は、五つの内閣で陸相を務め、その期間は通算五年二ヵ月にも及ぶ。彼を単純に長州閥の一員、もしくはその亜流とすることに抵抗を感じるものの、長州閥が燃え尽きる最後の輝きともいえるだろう。宇垣の人事施策などについては、項を改めて紹介することにしたい。

◆混乱を重ねたポスト宇垣

宇垣一成は持病の中耳炎を悪化させ、昭和五年六月から次官の阿部信行を代理に立てていたが、六年四月の浜口雄幸内閣の総辞職を機に陸相を辞任した。当時、彼は六三歳、病気でなければ大将の現役定限年齢の六五歳まで陸相をやるつもりだったと語られている。粘着気質の彼ならばそこまでやったかも知れないが、六年六月に依願予備役となっておとなしく朝鮮総督に転出したのだから、本人はもう潮時だと思っていたのだろう。

さて後任陸相だが、陸士六期の南次郎と若返った。南は陸大教官と騎兵一筋の人で、大正二年八月の定期異動で軍務局騎兵課長に上番して二年務めたが、このほかの陸軍省勤務はない。陸士校長、参謀次長、朝鮮軍司令官と大将としての閲歴に不足はないものの、この人に陸軍省を任せるとは不可解な話だ。

そこに面白い人間関係がある。南次郎が陸大教官、その時の学生に小磯国昭がいた。いわゆる教官と学生が引き合う「マグ」（磁石）ということで、南と小磯は意気投合する仲となった。そして小磯はいわゆる「宇垣四天王」のひとりだ（ほかの三人は杉山元、二宮治重、建川美次）。この昭和六年四月の時点で小磯は軍務局長だったから、彼が南を強く推したとすれば納得する。のちのこととなるが、南は昭和十一年八月から十七年五月まで朝鮮総督だったが、その後任が小磯だから話はうまくできている。

それにしても、南次郎の陸相を周囲がよく納得したものだ。参謀総長は昭和五年二月から、南と同じく大分出身の金谷範三だ。宇垣一成と鋭く対立してきた上原勇作率いる薩肥閥とは、大分勢を除く九州連合軍だ。その上原が存命中のうえ（昭和八年十一月死去）、さらに上原の後継者を任じる佐賀出身の武藤信義が教育総監だ。そこに大分コンビを持ってくるとは、薩肥閥に対する面当てというほかない。そういう強引な人事が宇垣の持ち味なのだろう。

満州事変の最中、安達謙蔵らが政権与党の民政党と野党の政友会との連立内閣を組閣して、陸軍の動きを抑えようと主張し、これが引き金となって昭和六年十二月、第二次若槻礼次郎内閣が総辞職となって、南次郎は陸相を辞任した。さて、犬養毅内閣となって陸相に就任したのは、陸士九期、陸大一九期首席で教育総監部本部長だった荒木貞夫だった。これは驚きの人事だった。

荒木貞夫は東京出身となっているが、江戸勤番の紀州藩士の子弟だ。彼は第一次世界大戦中、観戦武官として東部戦線に従軍し、ロシア革命の現場を見聞している。その体験から共産革命を防止するために、独特な皇軍キャンペーンを始め、これが若手の将校に受けた。また、ロシア屋の荒木は、その道の先達、武藤信義に師事し、その関係で場違いながら薩肥閥の一員として見られるようになった。このような背景から、反宇垣派で現状打破の旗手とされ、一夕会や桜会の支持を集めることとなった。

前述したように一夕会の中心人物、小畑敏四郎もロシア屋だ。さらに一夕会の会員は、東京育ちが多いので荒木貞夫に親近感を抱く。過激な桜会にとっても、長口舌で精神家の荒木は格好の公告塔だ。昭和六年十月、桜会によるクーデター未遂事件、いわゆる十月事件では、教育総監部本部長だった荒木が事態収拾に奔走し、桜会の決起を未然に防止した。これを見て、中堅幕僚の暴走を抑えるには荒木しかいないとなり、組閣側と陸軍側の意見が一致し、まったく軍政とは縁のなかった荒木が陸相に就任することとなった。

そして昭和七年に五・一五事件が起こり、犬養毅首相は現役の海軍士官四人、陸士本科生五人に襲撃されて死去した。驚くべきことだが、後継の斎藤実内閣に大角岑生海相と荒木貞夫陸相が留任した。自分が閣僚として列した政権の首班を殺害した者が、それぞれの監督下にあるのに、よくも職に止まれたものだ。己の出処進退を決められない者が、公明正大な人事をやれるはずがない。陸相ポストに居座り続けた荒木だったが、八年十二月の皇太子誕生で盛り上がって痛飲、それがもとで肺炎となり、議会答弁に立てなくなったということで、九年一月に辞職した。

後任の陸相は、陸士八期に戻って教育総監だった石川出身の林銑十郎となった。満州事変の緒戦時、奉勅命令を待たずに朝鮮軍を満州に送り込み、〝越境将軍〟としてもてはやされたことは承知の通りだ。彼は昭和十二年二月、首相にまで上り詰めたが、それはまったくの幸運の連続によるもので、こういう運の強い人もいるかという評価以上のものはなく、陸相、首相時の業績からしても、その器でなかったというほかない。

大正十四年五月、林銑十郎は第一師団の歩兵第二旅団長となったが、それまでの閲歴からしてこれはという点はないとされ、良くて名誉進級の中将で終わると見られていた。ところが将官演習旅行の成績が良好ということで中将に進級し、東京湾要塞司令官に上番した。このポストは病気静養中の者か、ここで予備役編入となる者が就くのが通例だ。ところが十五年三月、林は陸大校長に転出した。それまで陸大校長は林と同期の渡辺錠太郎だったが、その教育方針があまりに革新的とされて第七師団長に飛ばされ、金谷範三参謀次長の兼務となっていた。そして林が陸大校長となり、これで彼は大将街道の本道に乗り、教育総監部本部長、近衛師団長、朝鮮軍司令官を歴任することとなった。

昭和七年の五・一五事件で、当然のことながら荒木貞夫陸相は辞任すると見られていた。そこで、後任として朝鮮軍司令官の林銑十郎が東京に呼び戻されたが、荒木が辞任しないため、林は浮いてしまった。荒木の代わりに責任を取る形で教育総監の武藤信義が辞めることとなり、その後任に林が押し込まれた。そして前述したように、九年一月に突然、荒木が辞職した。

このような突発事態ともなれば、ワンポイントのリリーフとして、同期生の間のタライ回しも許されるだろう。陸士九期の陸相適任者となれば、阿部信行のほかにいない。しかし、阿部は宇垣一成陸相の代理までやったように宇垣色が濃く、とても陸相をやらせるわけにはいかない。一期進んで一〇期からとなれば、これまた川島義之のほかは見当たらない。ところが川島は、林銑十郎に代わって朝鮮軍司令官に上番したばかり、団隊長は二年勤務という人事の内規に触れる。ならば一期戻って八期からとなれば、不動のトップ、渡辺錠太郎だ。ところが渡辺は、山県有朋の元帥副官を務めたことがあり、山県の信奉者と見られていたから、このご時勢からして陸相にするのは無理だ。結局、〝越境将軍〟として知られる林に落ち着いたということだった。

◆二・二六事件の突発

これといった根拠もなく、ただ妥協の産物として陸相となった林銑十郎だが、案の定というべきか、人事で問題を引き起こした。林陸相として最初の人事、昭和九年三月の異動で永田鉄山を軍務局長にすえた。軍務局生え抜きの永田を局長にするのはしごく順当と思うが、それを受け入れない雰囲気が部内にあった。それまで軍務局長だった山岡重厚を整備局長に回すとは何事かという反発だ。

そして四月に入ると、林銑十郎の実弟で東京市助役だった白上裕吉が、東京市でよく起きた疑獄事件で有罪の求刑を受けた。林は閣僚に任に耐えないと辞表を斎藤実首相に提出した。林は慰留されると思っていたというが、本当のところは分からない。この一件は閑院宮載仁参謀総長が介入して、辞表を撤回するとなった。こんなことでは、陸相としての資質が疑われると林攻撃の声が高まった。

このような経緯があって昭和十年七月、真崎甚三郎教育総監の罷免事件となる。真崎が教育総監に上番したのは九年一月だったから、早いかどうか難しいが、林銑十郎の言い分は次のようなことだった。真崎教育総監は、補任課長（高知の小藤恵）、参謀本部庶務課長（佐賀の牟田口廉也）、教育総監部第二課長（佐賀の七田一郎）に自分の派閥の人をすえて、一方的な人事を強要するという。もちろん、この問題は三長官会議に掛けられた。その席で閑院宮載仁総長は林陸相の側に回り、二対一となって真崎罷免となった。

人事権はあくまで陸相にあり、その上、三長官会議でも多数決で決まったのだから、誰もが黙って受け入れるのが筋だが、そういった正論が通らない雰囲気があった。林銑十郎はまたもや、皇族の権威を利用したと攻撃された。また、林の人事は部外の声に左右されているとの批判もあった。そしてこの三長官会議、さらに真崎甚三郎の更迭が報告された軍事参議官会同での論争の一部始終がそとに漏れ、怪文書の洪水となった。

この罷免劇の絵図を描いたのは誰か、怪文書によるとそれは軍務局長の永田鉄山だとする。事の真偽は明らかではないが、そうやろうと思えばやれる立場が軍務局長だ。人事局長が福岡出身の松浦淳六郎から愛知出身の今井清に代わったばかりの時だから、永田が陸軍省を牛耳っていると推察する材料はそろっている。さらには、永田は昭和六年の三月事件の絵図も描いていたと、総攻撃の矢面に立たされた。結局、十年八月十二日、永田は相沢三郎中佐に斬殺された。この裁判が火を付ける形となって、十一年の二・二六事件へと流れる。
現役の中佐が陸軍省に斬り込み、少将の軍務局長を殺害するという未曾有の事件に直面した林銑十郎陸相は、昭和十年八月二十五日に師団長会議を開催した。その席上、林陸相は「……皇軍意識に透徹し、上下相倚り相信じ、真に挙軍一致の実を挙げ、以て聖諭の奉戴実践に万遺算なきを期する」と訓示して、同年九月五日に陸相を辞任、軍事参議官に下がることとなった。

さて、こんな事件のあとで、進んで陸相を引き受ける人はまずいない。軍法会議がどう進展するかもはっきりしないし、さらなる爆弾が炸裂する可能性すらある。火中の栗を拾う人が見当たらない中、林銑十郎は同期の渡辺錠太郎に声を掛けた。荒木貞夫が辞任した際も有力な候補に上がった渡辺だが、あの時よりもさらに出にくい空気だ。結局は渡辺の助言で、陸士一〇期、昭和九年八月に朝鮮軍司令官を下番して軍事参議官になっていた川島義之に落ち着いた。

川島義之

川島義之は愛媛出身で、教育総監部育ちの人だった。同郷の秋山好古が教育総監の時、教育総監部第二課長、同第一課長を務め、これまた同郷の白川義則が陸相の時は人事局長だった。宇垣一成が一旦、陸相から下がって多くの人がホッとしていた時だったこともあり、川島人事局長は公平な人事をすると好評だった。これに加えて愛媛という土地柄か、温厚な性格も買われ、この難局に当たる陸相となった。

恐れていたように昭和十一年、二・二六事件が突発する。川島義之陸相は、その性格なのか、それとも動転したのか、朝鮮軍司令官の時に患った軽い脳卒中の後遺症なのか、とにかく優柔不断、遅疑逡巡を重ねたばかりか、決起将校におもねるような陸軍大臣告示まで出してと、散々に批判された。しかし、無血鎮圧だったことを思えば、川島の陸相としてとった行動は、もう少し評価されるべきだと思う。

まず、決起将校が陸相官邸に入ってから、面会するまで一時間以上も時間を稼いだのは、川島義之と彼の夫人の功績だ。決起初動の一時間は大きな意味を持つ。そして陸軍大臣告示の内容がどうであれ、これで頭に血が上った決起将校が、多少なりとも平静になり、無血解決をもたらしたことも事実だ。もし、川島陸相が性急に事を運んだならば、皇軍相撃の悲劇となり、徴兵制という国防の基本が大きく揺らいだことだろう。

◆根拠なき陸相選任の連鎖

二・二六事件ほどの大不祥事の後始末をする陸相を誰にするか人選が難航すると思いきや、実はこれが簡単だった。まず、渡辺錠太郎が殺害されて教育総監のポストが空いた。引責辞任ということで古参の軍事参議官四人、関東軍司令官、侍従武官長が予備役に入ってしまった。そこでまず、陸士一〇期の西義一が教育総監、同期の植田謙吉が関東軍司令官に回ると、陸相にあてられるのは一一期の寺内寿一しかいないとなる。

承知のように寺内寿一は、長州閥の巨頭、寺内正毅の実子だ。こんな時にまた長州かといっていられない台所事情だった。また、寺内は東京育ちで中学は学習院、幼年学校出身でもなく、派閥色もない。ただ、いかにも二代目らしく、良くいえば鷹揚、厳しくいえばアバウトな人だったから不安は残るが、そこは手堅い梅津美治郎を次官に付ければ大丈夫だろうということだった。

ところが案の定、寺内寿一の二代目らしいやんちゃな面が出て、内閣総辞職という事態をもたらした。昭和十二年一月、第七〇議会で軍部を攻撃した政友会の議員と寺内陸相が言った言わないから、「腹を切る」「腹を切れ」と子供じみた論争をした。これが契機となって広田弘毅内閣は倒れてしまった。

後継首班の大命は宇垣一成に下ったものの、〝大命、なにするものぞ〟と参謀本部第一部長の石原莞爾が中心となって組閣阻止に動いた。戦術は簡単そのもの、二・二六事件後、陸相は現役将官に限るように戻っていたから、陸相を推挙しないだけで事は成就する。これでさすがの宇垣も組閣を断念し、大命拝辞ということになった。そこで陸軍が推した首相が林銑十郎というのも理解できない話だ。実はこれも簡単なことで、言いなりになるその性格が省部の幕僚にとって都合が良いからだ。

昭和十二年二月、林銑十郎内閣が成立し、陸相は林と同郷の石川出身、陸士一三期の中村孝太郎となった。一二期からとなれば、整備局長、軍務局長、次官を歴任した小磯国昭となろうが、彼はあまりに政治色が濃い上に宇垣一成の側近だったから陸相になるのは無理だ。

そこで一期飛んで一三期となり、陸軍省高級副官、人事局長を経験して陸軍省に明るい中村となった。

ところがなんと、中村孝太郎は陸相就任一週間で辞任してしまった。腸チフスに罹ったからが表向きの理由だが、親戚に結核患者がいることが分かり、拝謁できないからともいわれているが、真相は不明だ。この椿事で陸相人事は混迷の度合いを深めることとなる。急ぎ後任は福岡出身、陸士一二期の杉山元となった。杉山といえば、宇垣一成陸相の下で次官を務めるなど、宇垣の恩顧をもっとも受けた人だ。いくら二・二六事件後の人材払底の頃とはいえ、原則も根拠もない陸相人事だったとされても仕方がない。

杉山元は、昭和十二年六月に成立した第一次近衛文麿内閣にも留任し、同年七月七日の盧溝橋事件を迎えることとなる。そして支那事変の解決を模索するため十三年五月、内閣改造があり、宇垣一成が外相で入閣した。続いて五相会議（首相、外相、蔵相、陸相、海相）が設けられることとなった。このような新体制を作るため、近衛首相は杉山陸相の更迭を策し、遂には近衛が昭和天皇に直訴したのではないかとも語られている。

では、近衛文麿が望んだ陸相は誰なのか。岩手出身、陸士一六期、そして承知のように満州事変の立役者、板垣征四郎だった。彼は参謀本部第六課長（支那課）のほか中央官衙の勤務はなく、中国一筋の人だ。しかも満州事変を現地で画策した一人であることは周知の事実で、中国を刺激するのは目に見えている。

それなのになぜ板垣征四郎が陸相なのか。近衛文麿自身が書き残したとされるものによると、石原莞爾が主唱した事変不拡大方針を形にできるのは、石原の盟友、板垣征四郎のほかにいないということだった。加えて当時、人事局長の阿南惟幾が板垣にほれ込んでいたという事情もあった。こんな一本釣をされたならば、陸軍側は硬化するはずだが、相手は五摂家の筆頭、近衛となると腰が引けるだろうし、天皇まで動かせるとなると諦めるほかない。

この陸相人事の真相はどうだったのか。満州国を舞台に利権漁りに暗躍する集団が、おおまかで利用しやすい板垣征四郎を近衛文麿やその周辺に売り込んだという話にも真実味がある。さらには、本当のターゲットは次官の梅津美治郎だったという説も有力だ。陸士一六期の板垣が陸相になれば、自動的に一五期の梅津は次官下番となる。梅津追い落とし、それが真の狙いだったのだとしても、そう的外れではない。

またこの時、陸相が陸士一二期から一六期に飛ぶのはどうか、一五期の梅津美治郎にすべきではないかとの声もあった。しかし、近衛文麿首相が反対したともいわれるから、板垣征四郎擁立の本当の狙いは、梅津排撃にあったという説にはうなずけるものがある。なぜ、近衛は梅津を嫌ったのか、これにも諸説がある。梅津は共産主義者だと近衛に吹き込んだ者がいたといわれている。また、近衛が頼りにしていた占い師に陸軍は機密費を支出していたが、次官になった梅津がそれを切ったからとも語られている。とにかくそのあたりの事情はもう謎とな

中村孝太郎

ったにしろ、近衛の意図が大きく働いたことだけは間違いない。

さて、板垣征四郎陸相が誕生したことによって、思いもよらぬ影響が生まれた。東条英機が中央に次官として戻ってきたのだ。よく語られるには、板垣征四郎自身が「自分は陸軍省の事情や事務に暗いから、それに明るい東条を次官に付けてくれ」と希望したからだとする。しかし、これにも異論がある。板垣陸相がほぼ決まった時、その事務能力に不安を抱いた梅津美治郎次官は、まず東条を次官とし、それから板垣を陸相に迎える段取りをしていたという話だ。事務処理上、陸相と次官を同時に異動させないのが通例だとしても、東条の次官上番は昭和十三年五月三十日、板垣の陸相発令は翌月三日付となっているから、梅津による苦肉の人事だったというのが真相だろう。

◆敗戦へのトップ人事

板垣征四郎陸相は、第一次近衛文麿内閣に引き続き、昭和十四年一月からの平沼騏一郎内閣にも留任した。この間、支那事変は拡大の一途をたどり、ドイツとの同盟問題、ノモンハン事件、天津のイギリス租界封鎖事件、それに東条英機次官更迭と多事多難だった。そして昭和十四年八月末、独ソ不可侵条約締結によって平沼内閣は総辞職となり、阿部信行内閣となった。

この時、昭和天皇は任官大権を直接行使した。後任陸相には、侍従武官長の畑俊六か、関東軍司令官の梅津美治郎にせよと指示したのだ。英仏との協調を重視していた昭和天皇は、その英仏と事を構える姿勢を示し、ドイツに接近する陸軍の動きを牽制したかったのだろう。それにしても個人名を出すとは、異例中の異例だった。

これについては、阿部信行を抜きにしては語れない。阿部は昭和天皇が東宮時代、軍事学を進講したこともあって、進言しやすい立場だった。そして阿部が参謀本部第一部長の時、畑俊六は同第二課作戦班長であったし、同じ砲兵科出身で昔から気心が通じあっていた。また、阿部が次官に上番した時、同時に軍務局軍事課長に上番したのが梅津美治郎だった。阿部は宇垣一成に育てられた人で、梅津が結婚する際の仲人が宇垣という関係にもあった。

梅津美治郎は関東軍司令官に異動内示された直後だったから、これは動かしづらい。一方、畑俊六は侍従武官長となって三ヵ月だが、この職務ならば動かせるとなり、陸相は福島出身、陸士一二期の畑となった。ここでまた一六期から一二期と大きく戻るとなると、人事の秩序が崩れ、さらには次の陸相選定が難しくなる。なお、畑の後任の侍従武官長は、昭和天皇が

畑 俊六

以前から望んでいた陸士一五期で石川出身の蓮沼蕃となり、敗戦後、陸軍省廃止になるまで動かず、その点では成功した人事だった。

阿部信行内閣が成立したのは、昭和十四年八月三十日、その二日後の九月一日に第二次世界大戦が勃発する。国際情勢が激動する中、畑俊六で陸相が勤まるかとの声もあったが、十五年一月からの米内光政内閣に

も留任した。その間、畑は彼の出身母体の参謀本部、特にその第一部から突き上げられ続けた。そして一九四〇（昭和十五）年六月のフランス降伏を受け、参謀本部は閑院宮載仁総長名で、挙国強力内閣に改造すべしとの要求書を畑陸相に突き付けた。政府と参謀本部の板挟みとなった畑は、単独で辞表を提出し、陸軍はいつもの手で後任陸相の推挙を断った。これで米内内

下村 定

閣は十五年七月に総辞職となった。

テーマからはずれるが、昭和十四年一月にこれといった理由もなく政権を投げ出した近衛文麿を後継首班にするのだから、この日本とは不可解な国だった。それはともかく第二次近衛内閣となり、陸軍は東条英機を陸相に推挙した。一概に東条だけに非があったとは思えないが、板垣征四郎陸相の次官とはなったものの、参謀次長の多田駿と鋭く対立してわずか七ヵ月で更迭された者を、陸相に持ってくるとはこれまた定見というものがない人事だ。

米内光政内閣がもう終わりだろうと見られていた頃、人事局長だった野田謙吾が描いていた陸相人事案は、航空総監で東京にいる東条英機、もしくは関東軍司令官を一年務めた梅津美治郎のいずれかだった。団隊長の勤務は二年という内規から梅津はまだはずせない。また、なににつけてもケンカ腰、強引な引き抜き人事、憲兵を使った部内統制、それが持ち味の東条の方がこの流動的な時勢に適していると考えられたのだろう。

また同時に、東条英機の性格に加えて、政権そのものも短命と予想されるから、東条陸相の任期は短いはずとの読みもあったはずだ。要するにつなぎだから誰でもよいという不見識の結果が、陸相は東条という人事だったといえる。ところがこの第二次、第三次の近衛文麿内閣で東条は留任したばかりか、なんと昭和十六年十月には内閣首班になってしまった。そして陸相を兼任、ついには参謀総長にもなり、昭和十九年七月まで日本に君臨することになった。

そしてサイパン失陥、重臣の策動によって東条英機が野に下った経緯は前述の通りだ。冨永恭次、後宮淳の陸相就任を防止するため杉山元の登板というのも、あの非常時に理解しにくい陸相人事だった。陸相適任と衆望を集めていた阿南惟幾が上番したのは、すでに大勢が決まった昭和二十年四月のことだった。

阿南惟幾陸相は自決し、八月十五日を迎えた。昭和二十年八月十七日、首相となった陸士二〇期の東久邇宮稔彦が一時、陸相を兼務した。そして彼と同期で高知出身、北支那方面軍司令官だった下村定を急ぎ呼び戻して陸相に任命、下村が陸軍の幕を引くこととなった。

長期政権がもたらす弊害

◆老害によって回らなくなる人事

前述した、わずか一週間で退陣した中村孝太郎陸相はごく特異なケースにしろ、八月の定期異動を一回も行なわなかったり、翌年度の予算を編成する機会もない短命陸相もいた。これでは軍政そのものの権威や存在意義すら疑われかねない。同時にいえることだが、長期政権も問題で、これはより深刻な弊害を部内に及ぼす。人事の名手といわれたチェスター・ニミッツが語るように、「優秀な人材を使わないのは損失だが、同じポストに長く置くのも問題」ということだ。

陸相に長く止まったといえば、まず明治三十五年三月から四十四年八月までの寺内正毅だ。未曾有の国難、日露戦争に対処するためやむを得ない人事だった。しかし、それからの陸相人事が円滑に回らなくなった。寺内陸相が辞任した以降、大正七年九月に田中義一陸相となるまで、陸相は六人を数える。誰もが後味の悪い辞め方をしており、とても軍政の連続性というものが感じられない。その不安定な期間が残した問題は、大正から昭和初期の混迷をもたらした。

次の長期政権は宇垣一成だ。彼と同期の白川義則陸相の一年三ヵ月をはさんで、大正十三年一月から昭和六年四月まで、宇垣は陸軍省はもちろん全陸軍に君臨した。この長期政権の間、軍備整理や学校教練の制度化など、大きな業績は認めるものの、マイナスの面もあった。いかにも宇垣らしい高圧的な態度が部内の反発を買い、昭和の派閥抗争となって陸軍が割れてしまったのだ。

そして、これまた戦時だから仕方がないにしても、東条英機のケースもそうだ。彼は昭和十五年七月から十九年七月まで、なんと四年一ヵ月も陸相のポストに就いていた。さらには、首相が二年一〇ヵ月、そのうち六ヵ月は参謀総長も兼ねていたのだから、これはもう〝東条幕府〟というほかない。日本近代史上、もっとも特異な出来事だった。こんな長期かつ強力な政権だったために、後任陸相の人事は難航して、結局は妥協の産物で杉山元となった。これではもっとも緊要な時、トップ人事が停止したと同然だ。

陸相という人事権者の人事が停滞するということは、陸軍全体の人事が回らなくなっていることを意味する。おおむね長期政権をものにした者はアクが強いから、自分のやることに過剰な自信を抱く。「俺が決めた人事だから、そうは簡単に替えない」となりがちだ。東条英機陸相が、人事局長の冨永恭次、軍務局長の佐藤賢了を使い続けたのがその好例だろう。東条頼りになる腹心を手放したくない気持ちは分からないでもないが、あまりに長く重用すれば、組織のどこかに不満が溜まり、士気が低下する。

局長クラスはさておき、佐官の課長クラスにまで好みの人事を押し付けたことが、東条英機の評価を下げる一因となった。昭和十六年七月、参謀本部第二課作戦班長だった服部卓四郎を第二課長に昇格させた。ノモンハン事件の時、服部が問題を起こしたことはあっても、三〇期前半にはこれといった作戦屋の逸材はいなかったのだから、彼を抜擢する理由は付く。ガダルカナル敗退が決まった十七年十二月、服部課長は更迭されるが、それを陸相秘書官兼副官にするとは理解できない。さらに不可解なのは、十八年十月に彼を再び第二課長に上番させたことだ。

最初に服部卓四郎が更迭された時、第二課長に上番したのは、軍務局軍事課長、同軍務課長を歴任した陸士三一期の真田穣一郎だ。軍政が軍令を統制する体制をということだろうが、なぜ真田かと疑問は残る。そして、服部が第二課長に返り咲くと、真田は第一部長に昇格した。前任の第一部長は陸士二七期、陸大三六期首席の綾部橘樹だから、真田の抜擢は期による人事に混乱をもたらすものだ。また、服部と同期で軍事課高級課員の西浦進を昭和十六年十月に陸相秘書官兼副官に引き抜き、十七年四月に軍事課長に持ってきた。ほれ込んだら一直線、重用し続けるのが東条人事の特徴だ。その一方、睨まれると浮かばれない人が出てくる。それで潰された人材も多いのだが、これこそ長期政権の弊害だ。

参謀総長の場合、「帝国国防方針」に沿った年度作戦計画の継続性を保ち、さらには作戦思想の一貫性を維持するという面からも長期政権に傾く。そして大元帥たる天皇に直属するスタッフの長という職責から、頻繁な交替は避けるべきだ。そうだとしても、あまりに長期にわたると弊害の方が大きいことは史実が証明している。

大正四年十二月、長谷川好道の後任として上原勇作が参謀総長となった。そして上原は、十年四月に元帥府に列して終身現役となり、十二年三月に参謀総長を辞任した。その間、七年四ヵ月、下番時は六八歳だった。大正期、陸軍軍人の平均寿命は四六歳だったのだから、これはもう老害といってよいだろう。それなのに上原は元気潑剌、退官パーティーで「まだまだ頭は使える、これからも宜しく頼む」と豪語したのだから、周囲は「爺さん、まだやる気か」と辟易したことだろう。

上原勇作個人は、前述した朝鮮増師問題で帷幄（いあく）上奏までしたように、かなり激高しやすい人だった。しかし、工兵科出身らしく数理に明るく、軍事技術の進歩にも関心を持ち続けた学究的な人でもある。その点はまことに結構なのだが、長期政権となると彼を取り巻く人脈が生まれる。すなわち、佐賀出身で旧七期の宇都宮太郎、長崎出身で旧九期の福田雅太郎、佐賀出身で陸士三期の武藤信義のラインだ。これでは「軍内に横断的な結合があります、それは薩肥閥です」と世間に公言しているのと同じだ。

結果として上原勇作の長期政権は、多くの有為な人材が腕を振るう機会を奪ったことになる。静岡出身で旧二期の井口省吾、宮城出身で旧五期の松川敏胤、この二人は大将となったものの、頂点をきわめられなかったひとつの理由は上原長期政権にある。また同時に皮肉なことだが、薩肥閥のエースだった宇都宮太郎や福田雅太郎の道を塞いだのも上原だったということになる。

新潟出身、陸士一期、陸大一二期恩賜の鈴木荘六が参謀総長を務めた期間も長かった。大正十五年三月に就任、大将の現役定限年齢六五歳まで務め上げ、昭和五年二月に下番した。大まる五年の長期政権となるが、この背景には同期の宇垣一成陸相の長期政権がある。鈴木のことを考える場合、後任の金谷範三とセットにすると理解しやすい。この二人、日露戦争中は共に第二軍の参謀で、鈴木は作戦主任から参謀副長を務めた。

大分出身、陸士五期、陸大一五期恩賜の金谷範三は、大正十四年五月、大分出身の河合操参謀総長の下で参謀次長、すぐに総長は鈴木荘六となった。とにかくこの二人、日露戦争の体験がすべての判断基準で、「戦術総長に演習次長」と揶揄されていた。そういうことで、第一次世界大戦の教訓などにはあまり興味を示さない。そのため陸軍の後進性が是正されなかったとの批判もある。

この鈴木長期政権の下で革新的な意見を述べて、陸大から放逐された者もいる。陸大の教育を改革しようとした渡辺錠太郎校長は、旭川の第七師団長に飛ばされた。第一次世界大戦の戦訓を取り入れた教育で注目されていた筒井正雄は、歩兵学校の教育部長に左遷された。日露戦争の実相に迫る戦史を講じた谷寿夫は、和歌山の歩兵第六一連隊長、さらに留守第三師団参謀長と冷遇された。このような有為な人材が冷や飯を食わされたことこそ、長期政権の弊害、さらには老害だというほかない。

◆難しい後継者の育成

安定した長期政権ならば、じっくりと後継者を育てるのかと思いきや、そういうケースはそれほど多くはない。派閥を作るのと後継者を育てることは似て非なるものだが、誤解されては困るということなのか。後継者が育ちすぎると自分の座が奪われるということもあるが、陸相、参謀総長と頂点をきわめた者にはそんな心配はないはずだ。もちろん後継者を育てようとした人もいないではないが、なぜか目を掛けられた者が病気やなにやらで挫折してしまう場合が多いのも不思議なことだ。

寺内正毅の場合、誰がその後継者候補かを見分けるのは簡単だ。日露戦争中、出征させなかった者がそれだ。実際に陸相ポストを引き継いだ石本新六が兵庫出身のほかは、後継候補すべて山口出身というのも分かりやすい。石本は総務長官時代も含め、次官を九年五ヵ月も務め、全期間にわたって上司の陸相は寺内だったのだから徹底している。しかし、石本は陸

鈴木荘六

金谷範三

相在任五ヵ月で死去してしまったから、寺内の構想も未完で終わったといえよう。

おそらく寺内正毅が特に目を掛けていたのは、もちろん山口出身の宇佐川一正と旧二期の長岡外史、京都出身で旧四期の岡市之助だったはずだ。宇佐川は長らく軍事課長、軍務局長を務めた人だが、早くも明治四十一年十二月に予備役となり、朝鮮半島開発の東洋拓殖会社総裁となった。そして明治四十三年五月、寺内は韓国総監、続いて朝鮮総督となる。経済がからんだ絵図を描かせれば、とにかく長州人は天下一品だ。

長岡外史は山県有朋にも重用された人だが、大正に入ってすぐ、京都の第一六師団長で軍歴を閉じた。岡市之助は寺内正毅の狙い通り、大正三年四月に陸相となった。そして前述したように岡が宇垣一成を引き立て、見方によっては昭和六年四月まで長州閥の命脈を保たせたのだから、長期的に寺内は大きな成功を収めたといえるだろう。

では、これまた長期政権となった宇垣一成の意中の後継者は誰だったのか。これについては、さまざまに語られてきたし、後継者が定まらなかったのが彼の悲劇、すなわち昭和十二年一月の組閣の大命拝辞をもたらした。後継者の候補はいくらでもいた。まずは、山口出身、陸士二期の菅野尚一だ。彼は日露戦争中、第三軍の参謀、岡市之助陸相の下で陸軍省高級副官、田中義一陸相、山梨半造陸相の下で軍務局長を務めている。宇垣が菅野にバトンを渡せば、長州閥に大政奉還となるのだが、宇垣陸相時代が長期になったためそれは無理となり、かつ周囲がそれを許さなかっただろう。

これまた山口出身、陸士五期の津野一輔も後継候補に上げられる。彼は寺内正毅陸相の秘書官を務め、大正十三年一月に宇垣一成が陸相になった時、同時に陸軍次官に上番しているのだから、事実上、後継者として扱われていた。しかし、これまた菅野尚一の場合と同じく宇垣の衣鉢を継ぐことはなかった。特に津野は健康上の問題を抱えており、事実、昭和三年二月に病没している。それならば、昭和五年六月から半年間、宇垣の陸相代理を務めた石川出身の阿部信行となろうが、陸士一期から九期にまで飛ぶとなると、収まらない者が多く出てくる。

前に紹介した人事の「帯」から考えると、福島出身、陸士七期恩賜、陸大一七期恩賜の畑英太郎が宇垣一成の意中の後継者だったのではないかと思えてくる。彼は畑俊六の実兄だ。畑は田中義一陸相の下で軍事課長、山梨半造、田中、宇垣の陸相三代にわたって軍務局長、そして宇垣陸相の下で陸軍次官を歴任している。まさに陸相への街道をひた走ってきたのが畑ということになる。

宇垣一成

畑英太郎は、昭和三年八月の定期異動で次官から第一師団長に転出し、四年七月に関東軍司令官となった。この関東軍司令官人事は、昭和三年六月の張作霖爆殺事件に伴い、村岡長太郎軍司令官が更迭されたための応急的なものだった。ところが昭和五年五月、畑は医療事故で関東軍司令官在任中に死去してしまった。この畑を巡る一連の人事も、陸軍の曲がり角となった。

〝もしも〟といっても詮ないことながら、畑英太郎が存命で関東軍司令官にいれば、いかに板垣征四郎と石原莞爾のコンビでも、満州事変という謀略を強行できなかったはずだ。さらに語れば、昭和四年七月に宇垣一成が陸相に再登板することなく、白川義則からすぐ畑が陸相になった可能性もあった。畑はすでに陸軍次官をやっているのだから、第一師団長から直接陸相に就任してもおかしくはない。畑に関東軍司令官をやらせて、経歴に重みを与えようという宇垣の親心が仇になった形だ。

さらなる〝もしも〟だが、昭和四年に畑英太郎陸相となれば、宇垣一成の院政もあって長期政権になるはずだ。そうなれば、南次郎、荒木貞夫、林銑十郎といった場違いの人物によるドタバタ劇を見ずに済み、説明も付かない派閥抗争も起き得なかった。畑からの陸相の流れは、陸士一〇期の川島義之、一四期の古荘幹郎、一五期の梅津美治郎となるだろうし、そうなれば誰もが納得する陸相人事となり、部内の統制も効いて軍部独走から暴走ということにはならなかったはずだ。

東条英機ほど後継者を用意しておかなければならなかった陸相はいない。とにかく戦時なのだから、いつ、なにが起きるか分からないからだ。にもかかわらず、彼は後継者について無関心だったように見受けられる。元来は小心な東条は、有力な後継者を用意しておくと、反対勢力がそこに集まり、自分が追い落とされると恐れていたように思われる。また、これはといった人材ほど、東条に背を向けていたとも語れるだろう。

昭和十五年七月、東条英機が陸相に就任した時、陸軍省は次官に阿南惟幾、軍務局長に武藤章、人事局長に野田謙吾、軍事課長に岩畔豪雄という陣容だった。性急に事を運ぶ彼らしく、すぐさま自分の色を出すために人事異動をしたかと思えばそうではない。昭和十六年二月になって軍事課長を真田穣一郎に替えた。これは、岩畔が対米交渉のためアメリカに派遣されたので、その穴を埋めるための人事だ。次官を木村兵太郎に替えたのは十六年四月、軍務局長にいたっては武藤を使い続け、佐藤賢了に替えたのは十七年四月のことだった。

前任者が選んだスタッフで満足するとは、ある面で評価したいが、それはまた後継者を育成して用意していないともいえる。さらに酷評すれば、東条英機には信頼できる者がいなかったとなる。いやそうではない、使い続けた冨永恭次、佐藤賢了がいるではないかと反論されよう。しかし、冨永は陸士二五期、佐藤にいたっては二九期だ。これを急に一七期の東条の後継者にすることは無理だ。こういうことだから、あれほど権勢を誇った東条だったが、あっけなく追い落とされ、陸軍省としても慌てる始末となったのだ。

参謀本部でも、後継者の育成は失敗し続けたといってよいだろう。長期政権をよいことに、派閥を作ったと批判される上原勇作だが、まったく中立公正、能力主義で将来の参謀総長要員を育てていたことは強調されるべきだ。新潟出身、陸士七期、陸大一六期恩賜の大竹沢治は、大正七年七月から二年二ヵ月にわたり参謀本部第二課長、次いで十一年二月に同第一部長に抜擢された。大竹の後任の第二課長は、宮城出身、陸士一〇期、陸大一九期恩賜の黒沢準だった。陸大の成績重視のきらいはあるものの、まったくの閥外からの人材登用は好感がもてる。

しかし、残念なことに上原勇作が望んだようにはならなかった。大竹沢治は参謀本部第一部長在任中、病に倒れ、大正十二年九月に四九歳の若さで亡くなった。黒沢準は河合操参謀総長の時、第一部長に登用され、朝鮮・咸興の歩兵第三七旅団長、参謀本部総務部長を歴任し、さあこれからという時、病気となり、昭和二年九月に五〇歳で早世した。この二人のどちらかが存命ならば、少なくとも閑院宮載仁が八年一一ヵ月も参謀総長を務めるということにはならなかったはずだ。

鈴木荘六も参謀総長を長く務めたが、かなり早くから後継者の育成を始めていた。彼が陸大幹事を務めていた明治四十三年十二月から大正三年八月までの間、これはといった人材にツバを付けていた。鈴木が参謀総長に在任していた時、第二課長に登用したのは三人、すなわち新潟出身、陸士一四期、陸大二三期の小川恒三郎、高知出身、一六期、陸大二三期の小畑敏四郎、愛知出身、一五期、陸大二六期恩賜の今井清だ。小川は鈴木と同郷だが、新潟は小藩分立の土地柄、そう郷土を意識するような風土ではない。また、この三人そろって作戦の神童と誰もが認めていた。

ところがこれまた、鈴木荘六が思ったようにはならなかった。小川恒三郎は順調に歩き、東京の歩兵第一旅団長を務め、参謀本部第四部長となったが、昭和四年八月、各務原へ視察に向かう途中、乗っていた八七式重爆撃機が墜落して殉職してしまった。鈴木参謀総長は一番機に乗っていたので無事だった。

小畑敏四郎は昭和七年二月、二度目になる第二課長に上番し、すぐに参謀本部第三部長となり、参謀総長へ最短距離にいた。しかし前述したように、同第二部長の永田鉄山と衝突して派閥抗争に巻き込まれ、結局は昭和十一年八月に予備役編入となった。今井清は、参謀本部第一部長、人事局長、軍務局長を歴任し、参謀総長、陸相どちらでもこいとなったが、参謀次長の時に健康を害し、昭和十三年一月に病没した。こうして鈴木荘六の人事構想が実現することはなかった。

◆皇族という絶対的な存在

陸軍史上、長期政権といえば、昭和六年十二月から十五年十月まで参謀総長を務めた閑院宮載仁だ。この人事は、荒木貞夫陸相、金谷範三参謀総長、武藤信義教育総監の三長官会議の決定で、人事局長は中村孝太郎の時だ。荒木陸相の発案だったことは確かだが、どのような経緯で決定に至ったのか、何分にも雲の上の話で判然としない。昭和六年九月の満州事変勃発、十月に入っての錦州爆撃、三長官会議での満州問題処理案の決定、桜会によるクーデター未遂事件、そして十二月には荒木陸相の登場、この流れの中で決定したことだ。

出先の関東軍は中央の指示に従わない、国内では閣僚を殺害するとの計画がある。そんなどうにもならない情勢の中で、皇族の権威をもって事態を収拾するほかないとなったのだ。そこで考えておかなければならないことは、皇族が出馬しても収まらなかったらどうするか、収まりがついたとしても、どうお引き取りを願うのかだ。どうも荒木貞夫陸相は、自分が提唱した皇道、皇謨（こうぼ）といった言葉に酔ってしまい、将来の具体的な構想が描けなかったように思われる。

熟考した人事でなかったため、結局は参謀本部が皇族総長の権威を利用するだけに終わった感が強い。満州事変が一段落したあたりから、閑院宮載仁自身は辞意を漏らしていたが、皇族の権威を使うことに味をしめた参謀本部は極力慰留し続けた。昭和十一年の二・二六事件も退任の機会だったが、これまた後任がいないということで留任となった。実際、目立つ立場にいると殺されるかも知れないあの時期、〝では私が〟と名乗り出るだけ度胸のある人はいなかった。

支那事変も一年となった頃、もう閑院宮載仁総長を慰留しにくくなった。そこに参謀本部は奇妙な観測気球を上げた。参謀本部第一部付となって病気静養中の秩父宮雍仁中佐を参謀総長にどうかと、陸軍省に打診してきたのだ。皇族にはほかにも候補がいる。共に陸士二〇期、陸大二六期、すでに中将で、上海派遣軍司令官を了えた朝香宮鳩彦、第二軍司令官の東久邇宮稔彦のどちらかをというならば分からないでもない。陸士三四期、まだ中佐の秩父宮を参謀総長というのは無理な話だ。ちなみにこの話が出たのは、参謀次長が多田駿、総務部長が中島鉄蔵、第一部長が橋本群の時のことだ。

参謀総長が皇族となれば、それを支える参謀次長の人選が問題となる。皇族を細かいことで煩わせるのは畏れ多いということで、参謀次長には大物、いわゆる大次長をあてる。実際、閑院宮載仁が総長在任中、エース級が次長にあてられ、真崎甚三郎から沢田茂まで八人を数える。これで栄進の道を確実にした人、将来が暗転した人とさまざまだった。

個々人への影響はさておき、組織全体から見ると、この大次長を用意することで将官人事そのものが変則的になってしまった。また、そんなことがあったかどうか定かではないが、皇族ならば部下を自由に選ぶこともできる。また、誰に遠慮をする必要もないから、人の評価も口にでき、それが絶対的なものとなる。真崎甚三郎失墜の第一歩は、閑院宮載仁総長の真崎評だったのではないかと伝えられている。こうなると、なにより優先すべきは参謀次長の人事となり、全体のバランスが崩れる。

なんであれ、次長が大物は結構なことと思うが、大物であるが故に組織の和を乱すことも起こり得る。次長のカウンターパートは次官だが、閑院宮載仁総長の時代、ほとんど次官よりも先任者が次長にあてられていた。もちろん陸相が先任者だが、これが逆転した例がひとつあった。板垣征四郎陸相と多田駿次長の時だ。

宮城出身、陸士一五期、陸大二五期の多田駿が参謀次長に上番したのは昭和十二年八月だった。陸相は杉山元、人事局長は阿南惟幾の時だ。次官は多田と陸士同期の梅津美治郎で、一五期のトップは梅津だった。そういった関係があったから、多田が大次長とされても、陸軍省と参謀本部との関係は円滑だった。ところが十三年五月末から六月にかけて、次官が東条英機、陸相が板垣征四郎となると、この関係にほころびが生じた。

板垣征四郎は陸士一六期で多田駿次長の一期後輩、しかも仙台幼年学校以来の関係だ。陸士の一期違いというのはすれ違いが多く、案外と疎遠だとされるが、幼年学校で一年違いだと濃密の関係が生まれる。多田と板垣は、仙台幼年学校一期と二期という関係だ。東条英機は多田の二期後輩だ。こういう関係になると多田は次長ながら、無意識のうちにも〝俺は大臣の先輩〟となって、板垣陸相と直接交渉しがちとなる。東条次官としては、これは不愉快なことで感情問題に発展した。これはケンカ両成敗となって、多田は満州の第三軍司令官へ、東条は新設の航空総監へ転出となった。

皇族が参謀総長になると、侍従武官長の立場は微妙なものとなる。東宮武官長から通算して一二年一〇ヵ月も宮中に勤務した奈良武次は、昭和八年四月に大将の現役定限年齢六五歳をもって辞任した。後任は本庄繁となったものの、二・二六事件で辞任した。これ以降、宇佐美興屋、畑俊六と替わったが、畑の在任はわずか三ヵ月だった。適任者はいるのだが、直立不動の姿勢でいると目眩がするなど、あれこれ理由を付けて逃げ回る人ばかりだった。本当の理由のひとつに、煙ったい皇族参謀総長の存在があったはずだ。結局、昭和天皇の意向もあって、昭和初頭に侍従武官を務めた蓮沼蕃に落ち着き、敗戦に至っている。

さて、長期にわたった閑院宮載仁参謀総長の時代は、どうやって幕となったのか。閑院宮退任、後任は杉山元の人事発令は、昭和十五年十月三日だった。北部仏印進駐問題で、参謀本部第一部長の冨永恭次、同第二課長の岡田重一、同課作戦班長の高月保、同部員の荒尾興功が更迭された直後のことだ。次いで参謀次長の沢田茂も下番することとなったが、参謀総長と次長の人事と、北部仏印進駐問題の引責人事とは無関係だったと強調されている。高齢な閑院宮をこれ以上、激職の総長にあてておけないということだ。

しかし、なぜこの時かと問われれば、昭和十五年七月二十七日に大本営政府連絡会議が決定した「世界情勢ノ推移ニ伴フ時局処理要綱」が引き金になったことは間違いない。この要綱は、武力行使を含む南進を決定したものだ。七月二十九日に昭和天皇は、参謀総長、軍令部総長及び両次長に説明を求めた。そこでの奉答が天皇の意に沿わなかったため、参謀総長更迭に至ったと見るべきだろう。もはや皇族の権威をもってしても、軍部は抑えられず、このままだと累は皇室に及ぶということが昭和天皇の真意だったはずだ。

人事を武器とする功罪

◆軍備整理を可能にした辣腕人事

日本陸軍の大きな曲がり角のひとつが、大正十四年五月に発表された第三次軍備整理、いわゆる宇垣軍縮だったとすることに異論はないだろう。第一次世界大戦後の世界的な不況と軍縮傾向の中、加えて十二年九月の関東大震災の復興もあり、どこかで軍備を縮小しなければならないことは、首を切られる側の軍人も覚悟していたはずだ。

しかし、それでも常設師団四個も廃止するという大ナタと聞けば、軍人の誰もが不安になるのは当然だ。これで明治四十年四月に制定された「帝国国防方針」にある平時二五個師団・戦時五〇個師団の達成は大きく遠のいた。大正十五年度から朝鮮にある二個師団も戦時動員されることとなったが、動員基盤が弱いため、いわゆる二倍動員して特設師団を生み出せなかった。従って常設師団二一個、特設師団一九個、合計四〇個師団が戦時の限界だった。戦時五〇個師団必要と算定していたのに、これでよいのかと思っている時に、常設師団四個を廃止するというのだから、反発は大きい。

人事上の問題も深刻だ。四個師団が廃止されるということは、師団長の中将四人、旅団長の少将八人、師団参謀長と各連隊長の大佐二八人のポストが消えることを意味する。あと一歩で中将、師団長をやれると夢をふくらませていた者にとって、軍備整理で残念でしたで済む話ではない。また、少尉任官時の部隊、いわゆる原隊が消え去ることは寂しい限りで、根無し草になったような心境になっただろう。また時期も悪く、田中義一が政友会の総裁になった直後だから、あれこれと詮索もされた。

必要に迫られたからできたといえばそれまでだが、戦略構想、政治とのからみ、さらには個々人の心の問題までありながら、よくも四個師団を廃止できたものだ。伝説的な宇垣一成の剛腕と政治力の所産だが、特に陸相として人事権を果敢に行使したことが決定的だった。とにかく宇垣は、慣例となっていた「将官人事は三長官の合意による」との覚書に署名しなかったただ一人の陸相だった。

大正十三年七月、宇垣一成陸相が設けた軍制調査会は軍備整理案をまとめ、これを軍事参議官会議に掛けた。予想通り、会議は白熱し、上原勇作、福田雅太郎、尾野実信、町田経宇の四大将は猛烈に反対した。誰もがたじろぐ九州出身の猛者ぞろいだが、宇垣は平然と票決に持ち込んだ。賛成は議長の奥保鞏、宇垣陸相、河合操参謀総長、大庭二郎教育総監、そして閑院宮載仁の五人、五対四で軍備整理案は可決した。

ここまででも宇垣一成の度胸はたいしたものだが、返す刃がまた凄まじい。軍備整理案の発表当日の大正十四年五月一日、不定期の人事異動には誰もが驚いた。これで待命、予備役編入となった将官は、まず旧八期の山梨半造、軍備整理に反対した旧九期の福田雅太郎と町田経宇、旧一〇期の尾野実信、そば杖を食った形の一期の石光真臣と井戸川辰三、三期の大野豊四だ。大将四人、中将三人を、陸相といってもまだ中将の宇垣が切ったのだからインパクトは絶大だった（宇垣の大将進級は大正十四年八月一日）。元帥府に列して終身現役の上原勇作だけが生き残った形となった。

この人事で、宇垣一成の辣腕、剛腕というイメージが定着したが、それからの人事を見ると意外と平穏なものだった。彼が在任中の次官は、津野一輔、畑英太郎、杉山元だ。軍務局長は、畑、阿部信行、杉山、小磯国昭だ。人事局長は、長谷川直敏、川島義之、古荘幹郎、中村孝太郎だ。軍事課長は、杉山、林桂、梅津美治郎、永田鉄山となる。長谷川、林、永田のほかは皆、大将になったのだから、衆目の一致する高級人事だったといえるだろう。

また、宇垣一成は強運な人でもある。大きな問題となった山東出兵、張作霖爆殺事件は、彼の後任の白川義則陸相の時の出来事だ。宇垣が昭和四年七月に再登板してから、統帥権干犯問題が大きな騒ぎとなったが、これはロンドン軍縮条約にからむ海軍の問題で、陸軍は高みの見物を決め込むことができた。どこまで宇垣本人が関与したかは不明にしろ、昭和六年の三月事件も未遂に終わってうやむやになり、彼は円満に予備役となり、ミニ総理とでもいうべき朝鮮総督に転じた。

◆大命拝辞の椿事

昭和六年六月から十一年八月まで朝鮮総督を務めた宇垣一成は、現役時代のような威圧的な態度は影を潜め、政治的にも円熟したと評されていた。昭和十二年一月、広田弘毅内閣が総辞職となった際、元老の西園寺公望が後継首班に宇垣を指名したのは当然だった。広田内閣総辞職を招いた寺内寿一陸相は、長年にわたって宇垣の恩顧をこうむっている。また、教育総監の杉山元は、誰もが知る〝宇垣四天王〟のひとりだ。軍務局長の磯谷廉介に至っては子供扱いされるのがおちだ。これならば、陸軍はすんなりと後継陸相を出して宇垣内閣成立となり、彼の声望で陸軍の独走を抑えられると考えられた。

ところが陸軍は、宇垣内閣阻止に動いた。その中心人物は、満州事変の立役者、二・二六事件鎮圧の主役、参謀本部第一部長心得の石原莞爾だったとされる。石原の主張は、二・二六事件後に粛清人事がありながら、ここで派閥色が濃厚な宇垣一成の出馬は矛盾しているとする。そもそも宇垣は、昭和六年の三月事件で首相に祭り上げられたはずの人、いや事件そのものに深く関与していたのではないか、そんな人を首相にしてよいものかと熱く語られると、省部全体が組閣阻止に傾く。

大命が降下した者の組閣を妨害するなど、あってはならない政治介入、軍人勅諭にももとると、部内を抑えるのが陸軍省の役目のはずだ。当時、陸軍次官は梅津美治郎だ。梅津は大正八年四月に結婚したが、その仲人が陸大校長だった宇垣一成だ。そういう人間関係がありながら、梅津も動きがとれない。群集心理というか、勝ち馬に乗ろうとする熱気は凄まじく、政治に関与せずという原則など、どこ吹く風となってしまった。

宇垣内閣阻止の戦法は簡単だ。陸相を出さなければよい。二・二六事件後の昭和十一年五月、軍部大臣現役武官制に戻っていたから、なおさら簡単だ。宇垣一成ならばやるだろう一本釣にしても、針に掛かった者を予備役に編入してしまえばよいだけの話だ。それでも大先輩の顔を立てたつもりか、杉山元、教育総監部本部長の中村孝太郎、近衛師団長の香月清司を候補として当たってみたところ、三人そろって辞退したので悪しからずと出た。それでも宇垣は、天皇の権威にすがって組閣を目指したが、今度は天皇を政治に利用すると宮中の抵抗に遭った。万策尽きた宇垣は組閣を断念、異例の大命拝辞となった。

さて、宇垣内閣阻止の本当の狙いはどこにあったのか。この動きの中心が参謀本部であったことから見て、昭和十一年十一月に策定した「軍備充実計画ノ大綱」による施策が妨害されることを恐れたからだ。この計画の骨子は、昭和十七年度までに戦時兵力四一個師団・一四二飛行中隊、平時兵力二七個師団・一四〇飛行中隊にするというものだった。この軍備増強計画が緒に着くかどうかの時に、軍備整理の大御所に出てこられては、反古にされかねないと危惧したのだ。

宇垣一成が「金がないから、そんな話は無理だ」と出たら、省部はそれに抵抗して計画を進められるだろうか。誰が陸相になっても、宇垣は前述したように大正十四年五月のような将官なで切り人事を指示し、これに反対できる人はまず見当たらない。そして彼ならば、省部中堅の佐官など歯牙にも掛けず、いとも平然と左遷、いや予備役編入を陸相、人事局長に指示するだろう。だから事前に組閣を断念させるほかなかったのだ。

蛇足にはなるが、いくら盛名の石原莞爾といっても、当時は一介の大佐だ（少将進級は昭和十二年三月）。それが陸軍の御大に刃を向けられるものだろうか。宇垣一成に呼び出されて詰問されたならば、石原は直立不動で一言も発せられなかったはずだ。そういうことだから、宇垣組閣阻止には、もっと大きな力が働いていたと見るべきなのだろう。そしてこれもまた、日本の曲がり角のひとつとなった。

◆人事権の行使で止められた満州事変

石原莞爾の名前が出た以上、満州事変と人事権行使について語る必要があるだろう。昭和六年九月十八日の柳条湖事件が日本側の謀略であれ、それを満州全土に拡大して満州国を建国することなく、奉天での局地的な事件に止められなかったのか。そうすれば蔣介石の面子も保たれ、さらには中国が共産勢力も含めて一本にはまとまらず、支那事変もあのような泥沼にはならなかったのにとの繰り言は際限もなく広がる。

満州事変は単なる関東軍の独走ではなく、省部の幕僚が一体となって引き起こしたことは間違いない。しかし、昭和六年四月に参謀本部第二部が情勢判断を下した時点では、一年後に立ち上がるとしていたのだから、その時期の点においては関東軍の独断専行といえる。また、政府の満蒙問題に関する方針は、協調外交を基本とし、陸相は文官の閣僚としてそれに従う義務があり、その方針に沿って部内を統制するのが筋だ。

統帥権の独立という問題があるにせよ、朝鮮軍の越境を認めた臨参命第一号が伝宣された昭和六年九月二十二日までは、天皇の軍令大権が発動されたとはいえない。それまでに事件の拡大を防止できなかったのか。手立てがなかったのならば、歴史の必然だったと諦めるほかないが、統率の根源とされる人事権を発動するという効果的な手段があったのだ。

南次郎陸相がためらうことなく、関東軍と朝鮮軍の司令部に人事権を行使すれば、満州事変は単なる局地的な事件に止まったはずだ。当時、中央官衙と関東軍、朝鮮軍のそれぞれの司令部との連絡は保たれていたのだから、出先の独断専行は許されない。それなのに中央の指示に従わないとなれば、司令部要員の本土召還、更迭、免官という措置を講じることによって、事態の拡大は防止できたのだ。これは敗戦後に開かれた極東軍事裁判の法廷でも明らかにされた。

一九四七（昭和二十二）年四月、極東軍事裁判において弁護側反証の満州段階に入り、南次郎が証人台に立った。これに反対尋問をしたのが、検事の中でもっとも頭が切れるといわれたイギリスのアーサー・コミンズ＝カーだった。ここでの弁護側、検察側の攻防のポイントは、満州事変勃発時の陸相、南次郎が事変の拡大に関与したのか、また拡大の防止を怠ったのかどうかだった。

まず、朝鮮軍の越境問題だ。南次郎は陸相として「なにもしなかった」と陳述した。その理由だが、朝鮮軍の部隊はすでに京城や平壌の衛戍地を離れて行動しているのだから、これは陸相の権能が及ばない統帥事項に移っており、なす術がないとした。参謀総長だった金谷範三に責任を転嫁した形だが、金谷は昭和八年六月に死去しているから、故人の責任とするのはよくある法廷戦術だ。南にそんな責任転嫁の意図はなかったにしろ、検事側の追及もそこまでとなる。

では、予算関連の措置はどうだったのかと、カー検事の追及は続く。臨時軍事費なりの経費支出を認めなければ、朝鮮軍と関東軍は共に行動の自由を失って立枯れとなり、事変の拡大は防止され、終息に向かうはずだという論理だ。南次郎陸相がそうしなかったことは、事変の拡大を容認したことと同じだというのがカー検事の論旨だ。南はこれについて、「経費の支出を拒否するなど考えもしなかった」と陳述するばかりだった。

南 次郎

南次郎が軍人らしく率直に陳述していることは認めるが、これでは反証にならない。弁護団はもう少し研究して、南の逃げ道を用意しておくべきだった。カー検事が陸相の予算権を持ち出せば、こちらはその具体的な手順を説明して、その責任の所在をぼやかしてしまうのが法廷の常套戦術だ。ところが弁護側の準備不足のため、南は前述したようにしか陳述できなかった。

臨時軍事費であっても、予算を支出するまでには、複雑な手続きと各官庁との間で折衝しなければならない。当時の手順としては、まず陸軍省軍務局の軍事課長と大蔵省の予算決算課長とが折衝し、次いで軍務局長と大蔵省主計局長が協議し、そして陸相と蔵相、さらには閣議の決定を必要とする。事実、満州事変突発後の九月二十二日の閣議で、「朝鮮軍が出てしまったから仕方がない」ということで、出兵の経費支出が認められ、これによって前述の臨参命第一号が出せたのだ。

こういうことなのだから、少なくとも予算支出についての責任は、陸相一人が負うべきものではなく、当時の閣僚全員に連帯責任がある。当時の若槻礼次郎内閣の閣僚で、A級戦犯として訴追されているのは南次郎だけで、予算面で責任がある井上準之助蔵相は昭和七年二月にテロで暗殺されている。被告としての南は、責任の三分の一ずつは若槻、井上にあるといった責任分割論で戦うべきだったと思う。

臨時軍事費の支出についての追及は、どうにか回避できる見込みはあったが、陸相が持つ最強の武器、人事権となるとこれは逃げようがない。カー検事は、もし南次郎被告が本庄繁関東軍司令官らの行動を是認せず、それを阻止しようと決心すれば、関係者を東京に召還する、もしくはその指揮権を停止するべきだったのではないかと追及した。このカー検事の論旨は論理的で正しい。当時、関東軍、朝鮮軍の両司令部とは連絡がとれていたのだから、陸相が電話で「貴様はクビだ」と一喝するか、各部隊に「司令官の指揮権は剝奪した。自今、参謀総長の直接指示に従え」との電報一本で、理論的には部隊行動が停止され、事変は拡大しないことになる。

このような追及に対して南次郎は、「呼び返すことはできるが、しかし、その必要は認めなかった」と陳述した。そこでカー検事は、「ということは、本庄繁軍司令官らのとった行動を是認したことになるのではないか」と追い討ちを掛けた。政治性のある人だったとされるが、本来は単純な騎兵科出身の南は、正直に「そうなる」、すなわち英語で「イエス」となって法廷がどよめいた。

これだけが問題ではないにしろ、南次郎はこの裁判で終身刑を宣告された。それでも昭和二十九年一月に仮釈放となったことは救いだった。しかし、もし南が陸相として人事権を断固として発動すれば、満州事変はまた別な形となり、歴史の展開そのものが違ったものになっていたはずだ。

◆香港攻略時の出来事

敗戦とともに多くの軍人が自決の道を選んだが、そのなかでも妻子を道連れに散った親泊朝省は広く知られている。彼は陸士に進む人がごく少ない沖縄の出身、琉球貴族の家柄で騎兵科、陸士三七期、陸大専科七期の人で、敗戦時は中佐で大本営報道部員だった。親泊の名が今にしても語られるのは、「草莽（そうもう）の文」と題する遺書を残したからだ。

親泊朝省はその遺書の中で陸軍を痛烈に批判しているが、特に強調したのはその人事の失敗だった。彼が語るには、「まことに恐るべきは、第一線に出されることが懲罰であるとされたことである」としている。ここまで書き残されると人事当局者も穏やかにはいられなく、「いや、逆に第一線に出してくれといってくる者が多く困っていた」と応戦これ努める人もいた。

どちらが正しいか、ケースバイケースだから一概に決め付けられないが、親泊の軍歴を見ると、彼の言い分には納得させられるものがある。

大東亜戦争の開戦劈頭、香港攻略に向かったのが支那派遣軍の第二三軍、その主力、第三八師団の参謀を務めていたのが親泊朝省だった。香港攻略後、スマトラに向かい、そしてガダルカナルと転戦した。そしてガ島撤収後、陸士教官となって体力を回復し、昭和十九年二月から敗戦まで大本営報道部に勤務している。彼はガ島の地獄を体験し、また故郷沖縄での激戦をつぶさに知り得る立場にあったわけだ。そして敗戦となり、これではもう生きてはいられないと思い詰める心境は、崇高な責任感の現われだった。

栗林忠道

まず、香港攻略戦では有名な若林東一中隊長の独断専行が起きた。この快挙で香港攻略が一週間も早まり、なにより弾薬が節約できた。よかった、よかったと皆で喜べばよいものを、第二三軍司令部は練りに練った作戦構想が台なしにされたと怒り出した。現場の歩兵第二二八連隊と軍司令部との板ばさみになった第三八師団司令部は、大変な思いをしたことだろう。支那派遣軍の後宮淳総参謀長が現地を視察し、実情を知ると話はさらに厄介になった。通信が確保されている以上、これは独断専行ではなく抗命だと後宮は激怒し、懲罰人事が吹き荒れ、それは玉砕の島々にまで影響を及ぼした。

第二三軍の参謀長は栗林忠道だった。彼は陸大三五期の恩賜で、香港攻略戦での功績がありながら、陸士二六期の中将進級一選抜とはならず、昭和十八年六月に進級の上、留守近衛第二師団長に上番した。どう見ても、陸大恩賜の者の扱いではない。そして昭和十九年五月、寄せ集めの第一〇九師団を任され、玉砕必至の硫黄島に向かった。今日ともなれば、映画にもなった名将栗林大将だが、当時は香港攻略戦でミソを付けて飛ばされたのか程度の話だったのだ。

また、第二三軍の参謀副長は樋口敬七郎、陸士二七期、陸大三九期の人だ。彼は香港攻略の直後、台湾軍参謀長に異動、次いで久留米の第一予備士官学校長と歩き、ようやく昭和二十年四月、根こそぎ動員で編成され、宮崎県に配備された第一五六師団長となった。これまた緒戦の勝利を飾った軍参謀副長の扱いではない。

第二三軍の作戦主任は多田督知、陸士三六期、陸大四四期、東京帝大経済学部卒のエリートだ。彼もまた無事では済まず、まず朝鮮軍司令部に飛ばされ、次はチチハルの第一四師団参謀長だ。普通、師団参謀長にエリートをあてないものだ。そして昭和十九年二月、第一四師団はパラオに向かった。米軍はペリリュー島に来攻したので、パラオ本島は玉砕を免れたが、どうにも納得のいかない人事だ。多田の原隊は歩兵第一連隊で、当時の連隊長が東条英機だった。少尉の頃から東条に睨まれていたという話もあるが、とにかく多田にとっては災難だった。

◆威嚇と懲罰に使われた人事

さて、親泊朝省が大本営にあって注視していた故郷、沖縄の戦いだ。沖縄防衛の第三二軍が編成されたのは、昭和十九年三月のことだった。当初の軍司令部の陣容は、軍司令官が渡辺正夫、参謀長は北川潔水、高級参謀は八原博通だ。まず転出したのは北川だった。彼は砲兵科から航空科に転科した人で、飛行戦隊長も経験し、航空士官学校の勤務が長い。こういう航空の専門家は、地上戦闘の現場におかず、周囲にあって航空作戦の指導に当たらせるべきだ。十九年七月、北川は台湾軍（十九年九月から第一〇方面軍）の参謀副長に転出したが、順当な人事だろう。

では、後任はどうするかと見渡すと、適任者が参謀本部付でいた。桜会の猛者、長勇だ。昭和四年、彼が久留米の歩兵第四八連隊で中隊長を務めていた時、その連隊長が後宮淳だった。何事にもやかましい後宮だったが、どうしたことか長には目を掛け、その脱線振りも大目に見ていた。昭和六年の一〇月事件では、長が突出したので、彼だけは免官と決まりかけたが、第四師団参謀長だった後宮が助命運動して、ようやく長の首がつながったとも語られている。

そして昭和十九年六月、米軍のサイパン上陸、逆上陸して奪還するとのY作戦となった。殴り込む旅団長は誰か、参謀次長だった後宮淳の指名で長勇となった。長は関東軍から呼び戻されたが、すぐにY作戦が中止されて長が宙に浮いてしまった。ちょうどその頃、第三二軍参謀長のポストが空くこととなったため、長が沖縄に行くこととなった。参謀次長ご指名の人事とはいうものの、長年にわたる長の勝手放題の所業に対する懲罰とも思える人事だった。長自身、この人事には不満を述べていたという。

第三二軍司令官となった渡辺正夫は、砲兵科出身で兵器行政の勤務が長い人だ。また、第五六師団長としてビルマ攻略戦にも参加している。ところが沖縄に着任してから体調の不調を訴え続け、交替させることとなり、後任の選定が始まった。まず候補に上ったのは、華中の第二〇軍司令官、坂西一良だった。彼が陸大教官の時、学生に長勇がおり、その頃から人間関係があった。また、高級参謀の八原博通とは鳥取の同郷だ。これは名人事と思われたが、坂西も健康に問題があり（昭和二十一年九月、上海で病没）、また作戦中の軍司令官は動かせないとなった。

牛島 満

そこで士官学校長だった牛島満となり、東条英機、後宮淳、冨永恭次の置き土産人事という形で昭和十九年八月に発令となった。牛島は戸山学校、士官学校の勤務が長い教育畑の人で、昭和八年三月から十一年三月のあの多難な時期、陸軍省高級副官を勤め上げたことでも有名だ。しかし、陸海空の統合作戦となる沖縄決戦の軍司令官は適役ではないだろう。どうしてこういう人事になったのか、明快な説明を聞いたことはない。以下はまったくの噂話だが、有り得ることとして紹介したい。

昭和十九年に入ってから、座間にあった士官学校でボヤ騒ぎがあった。「校長閣下、火事です」と起こされた牛島満は、「ワシが行ったところで火は消えまい」とまた寝てしまったという。「牛島さんは、どことなく南州翁を彷彿とさせる。やはり薩摩隼人だ」といわれるゆえんだ。ところがこの一件、東条英機得意のメモに書き込まれ、懲罰者リストに載り、それが牛島の沖縄行の伏線になったというのだ。

戦時下、そんな些細なことで軍司令官の人事が左右されたとは思えないだろうが、よくにた実例は以前にもあった。昭和十六年十一月、皇居でボヤ騒ぎがあった。すると東条英機首相兼陸相は、東部軍司令官だった田中静壹を即座に更迭、まず参謀本部付とし、翌十七年八月にフィリピンの第一四軍司令官に飛ばした。悲惨だったのは、その十一月に留守近衛師団長となったばかりの田尻利雄を即刻、待命から予備役編入としたことだ。さらには近衛混成旅団長の賀陽宮恒憲も更迭、戸山学校長に転出となった。宮中のボヤ騒ぎにまつわる人事、これは噂話ではなく、『昭和天皇独白録』にも記されていることだ。

あれほど問題を起こしながらも、なぜか生き残ったばかりか、重用されてきた辻政信も最後には懲罰人事に引っ掛かって死地に送られた。彼は昭和十九年四月から始まった一号作戦(大陸打通作戦)に支那派遣軍第三課長(後方)として参加した。その際、軍需物資の取得、集積で外務省や大東亜省の出先と激しく対立した。そして放言癖のある辻は、大東亜省廃止を中央に具申した。もちろんただちに更迭、ビルマ戦線の第三三軍参謀に飛ばされた。しかし、あの地獄といわれたビルマ戦線でも生き残り、戦後も〝潜行三千里〟と日本に生還するのだから、たいした才能のある男だ。

戦勢も下り坂になると、誰もがイライラして「言うことを聞かないとニューギニアかビルマに飛ばすぞ。どっちがいい」と恫喝じみと口吻を漏らす者は多かったに違いないし、そうなったケースも少なくなかったはずだ。実際に飛ばされた者の多くは陣没し、無事に復員できた者も、戦後になってあれこれ恨みつらみを口にするのは男らしくないと沈黙を守るから、懲罰人事の実態についてはなかなかうかがい知れない。

それを香港、ガダルカナルの現地で知り、大本営で中枢部の動きを見聞した親泊朝省は、陸軍の体質に絶望感を抱いたことだろう。沖縄出身で、比較的に日本を客観的に見ることができる親泊としては、いたたまれない気持ちになり、遂に一家で死を選ぶ悲劇となってしまった。

空転した改善施策

◆人事を巡る不満の源

人事に関する個人的な不満の種は、まず進級の遅い、早いにある。階級が絶対の社会だから、これは切実な問題だ。前述したように陸士出身者の場合、昭和八年からは大尉まで、十六年からは少佐までは、同期生は同時に進級するようになり、この問題についてはかなり改善された。しかし、中佐への進級からはいわゆる抜擢があり、遅れる者も出てくる。戦時に入ると、進級は早まったものの、その差が大きくなった。さらに予備役を大量に動員するようになると、同期生の間で五つの階級にわたることも珍しくなくなった。

幼年学校、士官学校と純血培養の世界だから、同期生はヤンチャ坊主の頃から互いによく知っている。そのため同期が少将に進級しても素直には喜べず、「奴が閣下とは世も末だ」とつい愚痴がでる。さらには続々と後輩に追い抜かれるとなると、穏やかには構えていられなくなるのも、人間関係をクールに割り切れない日本人ならば、ごく普通のことだろう。

先輩をたて続けに追い抜いて行く者は、ほとんどが天保銭組だ。陸士時代から寸刻を惜しんで勉強し、その結果、試験で選抜されて陸大に入り、そこでまた猛勉強を強いられて序列を付けられたのだから、スピード進級するのは当然と無天組の者が割り切ればよいが、事はそう単純ではない。よく、これといった受験勉強をしなかったが、気が付いたら陸大に通っていたという人もいるが、それは話の作りすぎだ。勉強の仕方にもよるが、二～三年は教範類を読み込まないと筆記試験の一次も合格しないのが普通とされていた。合格する人は、陸大受験など眼中にないように見えても、どこかで勉強しているはずだ。それも部隊勤務をおろそかにしての受験勉強となれば、周囲は冷たい目で見る。なんだ将校としての本分を尽くさず、己の栄達のためだけではないかとなる。

進級が早い、遅いという個人的な不満だけならば、ピラミッド状の人的構成のための組織の論理だと諦めて済むことかもしれない。しかし、進級に補職や異動が絡んでくると、組織そのものの問題となって深刻な話に発展する。軍縮期のことだが、まとまった額の旅費を受け取ったのは、陸士を卒業して朝鮮の任地に向かう時、そして予備役となって帰郷する時の二回だけという人もいた。

戦時になっても似たような話がある。鉄道を専門とする人だが、満州事変で大陸に渡ってから、延々と大陸鉄道の補修に携わり、一回も内地に帰ることなく敗戦時は泰緬鉄道の現場、「陸軍省は俺のことを忘れていたとしか思えない」ということだ。そして待っていたのは復員ではなく、イギリス軍による戦犯裁判だったとなると、これはもう人事の停滞がもたらした悲劇というほかない。

左遷人事も、飛ばされる個人の問題に止まらない。受け入れ先も困るからだ。問題児をお払い箱にした方は清々するだろうが、全体的に見れば問題をほかに転嫁しただけのことだ。前述した沖縄の第三二軍参謀長の長勇は、昭和六年の十月事件が露見し、漢口駐在に飛ばされた。ところが参謀本部で中国の専門家が必要となったため、台湾歩兵第一連隊の大隊長に転属していた長を参謀本部第五課（支那課）の部員にどうかという話になった。それを聞いた陸軍省が介入して、「途中下車させろ、東京に入れるな」となって、長を京都の留守第一六師団参謀に押し込めた。長はいたく気分を害しただろうが、師団司令部は爆弾を抱えて大変だったろう。

これまた前述した辻政信は、厄介払いをされているうちに栄達してしまった。昭和十四年九月、ノモンハン事件の問責人事で支那派遣軍総司令部付という形で閉じ込めに遭った。ところが同じ頃に支那派遣軍総参謀長に上番した板垣征四郎が万事鷹揚なのをよいことに、辻はなにかと波風を立てた。困った総参謀副長の本多政材は、こういう問題児は中央でしっかりと監督して使うのが上策などと理由を付けて、まず台湾軍に出してから参謀本部部員へのレールをひいた。なお昭和十九年七月、辻はビルマの第三三軍に飛ばされたが、軍司令官はこの本多だった。そして辻は、台湾で南方作戦を研究したということで、参謀本部第二課兵站班長にのし上がった。問題児がタライ回しされているうちに、なぜか出世してしまった珍妙なケースだ。

このような例からして、人事異動はいわゆる編成道義の問題にも発展する。となりの部隊に欠員が生じたので埋めろ、部隊を新編するから基幹要員を差し出せという話があると、誰を出すかは団隊長の意向でほぼ決まる。この場合、我が部隊の名誉のため、また新しい部隊に良き伝統が育まれるようにと、もっとも優秀な者を差し出す、これが編成道義だ。

ところが、そのような美しい話にならない場合が多い。これ幸いと、持病のある者、無能な者、事故ばかり起こす者、将校団で浮き上がっている者、これらを厄介払いしがちだ。有能な者ばかりを差し出してしまえば、こちらの任務が達成できないとの立派な理由があるから、編成道義を守らなくとも良心は痛まない。また、問題はあるが本来は才能豊かな人物、環境を変えてやれば心機一転となるはず、とにかくピカピカの天保銭ですよと、なんとでも理屈は付くから、なかなか編成道義は守られない。

実際に、このような編成道義に反することが行なわれてきた結果、建軍当初の六鎮台、すなわち第一師団から第六師団はあてになる一等師団、それ以降の師団は一格落ちるという風評が生まれた。さらには支那事変が始まってから臨時編成された師団は、さらに落ちるとするのが定説だった。また、大東亜戦争も押し詰まってから編成された軍司令部は、弱体で司令部の体をなしていなかったと語られることにもなった。人事は、戦略単位の戦力評価にまでつながる重大な問題なのだ。

さて本題に戻り、人事そのものについての不満の源を追うと、結局は選定の過程に個人の感情が入ることに行き着く。恣意的な人事は不満を呼ぶということだ。まして東条英機のように、「もし文句を言う者があれば、取り換えればよい。文句は一切言わせない」という感情的かつ恫喝じみた人事をやれば、情緒が支配する日本の社会では、組織そのものの崩壊を招きかねない。

個人の感情が入る人事、これは人事当局者の私心が入ると言い換えてもよいだろう。それは具体的にまず、世間の評判や噂を判断材料にすることだ。考科表は必ずしもその人の姿を正しく伝えるものでないから、その補完資料として評判などを活用することには問題ない。しかし、単なる世間話にあれこれ講釈を加えて判断材料にするから問題となる。

あの人には事務処理能力があると聞いて、それは結構と評価するか、重箱のすみをほじる小さい人物とするかだ。細かいところまで目を配る人は、組織にとって必要と思うが、視野が狭いといってもそう間違いではない。要するに評判、噂というものは、プラスにもマイナスにも使える。その使い分けるところに私心というものが入る。

こういう思潮で案外と得をしたのが、いわゆる中国屋だった。本来、頭が切れて成績が良い人は、中国関連の仕事を敬遠する。どうも横文字が苦手、それゆえ主流には乗れず「運鈍根」でやるしかない人向きだ。こういうタイプの人が大陸に雄飛するとなると、なぜか大人物のように見えてくるから不思議だ。おおざっぱなことが鷹揚、物事をあまり深く考えないことが「腹がすわっている」、なんでもよいという姿勢が「清濁併せ飲む」と評され、実績はいまひとつだが、人物は大きいとなる。謀略でも満足な成果を上げられなかった中国屋なのに、大将になった人が多い理由はここにある。

情実人事、陳情人事になると、さらに人事当局者の私心が入る。対象の直系上官が「彼にはこんな事情があるので、少し配慮して欲しい」と陳情することは許されるし、これもある種の統率、統御だ。これには耳を傾けなければならないが、配慮するかしないかは、人事当局者の胸ひとつだ。陳情してきた人に以前、世話になったり、上官だったりすれば、これを受け入れるのが得策だ。そうしないと、恩知らずとの悪評が広まったり、睨まれて自分の将来に影響する。

直系上官以外からの陳情は、人事当局者として無視すればよく、相手にしないよう指導されている。しかし、そこは人間社会、すさまじきは宮仕えだから、そうはいかない場合も多い。少なくとも耳を傾けるポーズはとらなければならない。相手が大物の実力者で近き将来、ひょっとすると陸相、人事局長になるかもしれないとなれば、どうにかしないと自分の将来が閉ざされてしまう。陳情を受けつつ自分の将来を考える、それが私心だが、社会的な動物である以上仕方がないことだ。そこに人事の難しさがある。

◆人事局の外局化案

昭和十年八月十二日、永田鉄山斬殺事件が突発した。現役の中佐が軍務局長をその執務室で殺害するという未曾有の事件には、人事が深く絡んでいた。まず、この七月十五日の真崎甚三郎教育総監罷免が直接の犯行動機だ。その動機の底を探れば、部隊における実績が重視されないこと、天保銭組と無天組との扱いの違いなど、人事上の不満が相沢三郎中佐の心の中に鬱積していたことが浮かび上がってくる。そもそも、この八月の定期異動で相沢三郎が台北高商の配属将校に転出しなければ、福山の歩兵第四一連隊の付中佐が上京する可能性はほとんどなかったのだ。

事件直後の八月末に開催された全国師団長会議では、この人事問題が論議された。どのような話が交わされたか、議事録などが残っていないので不明だ。ただ当時、熊本の第六師団長で、二・二六事件では戒厳司令官となった香椎浩平の「善後意見案」が完全な形で残っており、活字にもなっている。これに沿って、あの時点で考えられていた人事施策の改革をなぞってみたい。

まず、香椎案によると、人事局は陸軍省の一部局だが、これを外局としたらどうかと提案している。性格は大きく異なるものの、今日の人事院のような位置付けで、独立性を付与するのが狙いだ。新人事局長は中将もしくは少将とし、陸軍次官、参謀次長、教育総監部本部長と同格とする。そしてその局長の上に人事総裁もしくは人事長官のポストを設け、それには侍従武官長をあてる。したがって人事総裁、または人事長官は天皇に直隷する形になる。これによって人事に絶対的な権威と重みを与え、ほかからの容喙（ようかい）を許さないようにするということだ。

新人事局長の下には、従来の補任課、恩賞課のほかに、情報部を新設する。この情報部長は中将もしくは少将とし、各局長、各部長と同格とする。この情報部において、各人の考科表を一括管理し、さらには人事情報の収集、将校の統御能力の向上を図る教育資料の管理も行なう。強力な情報部の誕生によって人事の一元化が促進され、そこに納得性と客観性が生まれると期待したのだ。こうすれば、軍の私兵化などと口にもされないようになるはずだというのが、香椎浩平の主張だった。

この香椎案が実現する可能性はあったのだろうか。まず、人事総裁に侍従武官長をあてることから無理がある。侍従武官長は明治二十九年四月に設けられて以来、陸軍将官が就任してきたが、陸軍の侍従武官長であると同時に海軍の侍従武官長でもあった。そういう立場の者に、陸軍の職務を兼務させられるかがまず問題だ。そこで香椎案では、海軍の侍従武官長を設けることとしている。昭和四年以来、侍従長は海軍の予備役将官の指定席となっていたから、香椎案によると宮中では二対一で海軍優勢となり、それを陸軍が受け入れるかどうかが大きな問題となっただろう。

香椎浩平

また、この案を実行すれば、陸相の権限が制限され、教育総監部の業務の一部が削られる。陸相が新人事局長を区処（指図）するとはしているが、陸相の最強の武器を取り上げることには変わりなく、陸相が納得するとは思えない。教育総監部としても、どういうものであれ教育に干渉されるようなことを認めるわけにはいかない。最大の難物は、参謀本部だ。参謀の人事は死守するだろう。加えて天皇に直隷する人事総裁の出現は、参謀総長の地位の低下をもたらすとして絶対反対するはずだ。

さらなる問題は、この新人事局の人事だ。それでなくとも人事局、特に補任課員の長期在職が問題になっていたのだ。独立性が強い組織となれば、それがいよいよ顕著になり、頻繁な人事交流を強く定めておかなければ、新人事局は誰も手が付けられない人事屋の牙城になってしまう。まして天皇直属という選良意識を持つようになることが予想され、この心の問題は制度では解決できない。

そもそも、この情報部という組織がくせものなのだ。どの社会でも情報を集中的に管理する部署には、権力が集中する。考科表の一括管理だけからも権力が生まれ、さらに調査する機能まで持たせたら、そのパワーは絶対的なものとなる。司法権のような権限までを持つ天皇直属の部となったならば、これを抑えられる部署はないことになりかねない。そういうことは目に見えているから、この香椎案が本格的に検討されるようになれば、猛反対に遭ったはずだ。

この香椎案は実現不可能なものと思われようが、世界的に見ればオーソドックスなものだ。前述した第二次世界大戦後期のナチス・ドイツの陸軍では、総統副官長が人事局長を兼務したのによく似ている。また、アメリカでは元首の大統領が各長官に補佐されて積極的に人事に介入したことと同じだ。ただ、日本の場合、それが法制的に認められるかどうかが問題だ。天皇は絶対的な存在だったにしろ、あくまで立憲君主国である以上、イギリス国王のように人事に介入しないのが本来の姿だ。天皇の権威にすがって人事を正すという考え方は理解できるが、それは国体の根源的な問題にまで波及する可能性を秘めていた以上、香椎案のような形では人事改革はできないという結論に至る。

◆模索され続けた人事施策の改革

結局、人事施策を根本から刷新するため、新しい組織を設けることは断念したようで、昭和十一年の二・二六事件後もそのような動きは見られない。事件の反省から、公正な人事をより追求するということで、まず天保銭を廃止し、次いで人事の一元化を図ることにはなった。前述したように、考科表の写を各部署から取り上げ、人事局で集中管理すれば一元化できると考えたわけだ。ところが参謀本部が強く抵抗して、秘密協定で参謀本部は特例とされ、一元化は骨抜きになったことは前述した。

では、この人事の一元化によって、人事屋横暴という声が収まったのか。実態はその反対で、ますます高まった。本来、なすべきことは人事管理の手法を定め、その講座を陸大に設けて教育し、意志統一を図るべきだったのだ。そして師団司令部にも人事参謀のポストを設ける。そうすれば、人事屋が補任課に巣食うこともなく、活発な異動が行なわれ、そこから明るい人事というものが形になったはずだ。そういったことは一切行なわれず、旧態依然のまま、ただ人事の一元化というスローガンだけが空しく響くだけだった。

そんな無策の救いとなったのが、支那事変以降の大動員だった。それぞれ多少の不満はあっても、階級に応じたポストに就ける、しかも進級も早まるとなれば、人事担当部局も苦労しなくて済む。しかし、戦時応急ということで適材適所とはならず、ただポストを機械的に埋めるだけの人事となった。中将ならばすぐに師団長、陸大を卒業していなくとも、序列上位だからすぐ参謀という乱暴な話となった。このようにして編成された第一総軍と第二総軍が、本土決戦をどう戦ったのか、想像するだけで背筋が寒くなる。

このように人事施策の改革は、まったく手が付けられないまま敗戦に至った。しかし、大正の頃から陸軍も海軍の人事を見習ったらどうかとは語られていた。地味な改革案だったが、おそらく、もっとも効果があった施策になったはずだ。とかく組織は行き詰まると、組織自体をいじりたくなるものだ。それは無用の混乱を招き、さらに組織が空回りする。そうではなく、現在の組織のままで手法や手順を変えるのが賢明なやり方だ。

前述したように海軍の考科表は毎年、その時の所属上官が独自に書き、前年もしくは前任者が書いたものとの連続性がない。それをおおむね四年分を参考にして海軍省が統一的に人事を行なう。陸軍の考科表は、少尉任官時から延々と連続していて、毎年の書き込みは補修もしくは訂正という性格のものだった。こうなると陸軍の考科表は、読めば読むほど頭が混乱するという代物だったという。そこで少佐に進級した時点で一切整理して、そこから新規に作成したらどうかという提案もあった。しかし、この案が取り上げられることはなかった。

少尉の頃の悪行も知っているのだぞというのが、人事屋の秘密兵器だからだ。

海軍の人事決定は、少尉から大将までの人事は、十数人からなる将官会議で決定し、海相が発令する。これは、主要各国の海軍で行なわれていたものだ。ちなみに、海軍の人事は世界で共通している点が多いといわれるが、ここではアメリカ海軍のシステムを紹介しておこう。巡洋艦以上の艦長勤務を六カ月以上した者が少将昇任の機会が与えられる。そしてその人事案は、海軍長官（文官）、作戦部長（軍令部長）、作戦部次長、人事局長、航空局長を含む九人から一一人の将官昇進会議に掛けられる。そこで票決して、四分の三以上の賛成をもって少将進級となる。

日本海軍の場合だが、海軍省人事局の第一課は、この将官会議の資料を取り纏める部署で、人事局長にも人事決定の権限はない。将官会議の長所は、それが合議制だというところにある。おおむね合議制は、公平性と客観性をもたらすものだ。それ以上に重要なことは、会議で一旦決定した人事は、容易に変更できない点にある。横槍を入れようにも、入れるところが多すぎて、事実上無理となり、不満な者も黙らざるを得ない。また海軍は世帯が小さいこともあり、将官会議のメンバーの中には対象者を知っている人がいる場合がほとんどだから、その評価、決定には明瞭な理由があるので説得力が生まれる。

陸軍の場合、補任課の誰かが決め、上司のチェックを受けて内示し発令となる。その人を知らない人が、将棋の駒を動かすように人事を進めているような印象を与えることとなり、そこに不満が生じる。また、合議制ではなく、密室の決定だから、有力な筋から圧力がかかれば変更も効いたり、不明朗感も醸し出される。

大世帯だから現実問題となると難しいが、陸軍も海軍のような人事会議を中央に設けて、師団長を始めとする団隊長も出席するようにしたらどうかという声も根強くあった。団隊長をすべて中央に集めるのが無理ならば、師団単位でもよいわけだ。中央官衙の勤務者が対象ならば、合同会議はすぐにも開催できる。こうすれば海軍のように合議制から生まれる公平性と客観性が生まれ、横槍を入れたくとも、どこに入れてよいかが分からなくなる。

このような会議を事務的に差配するのが、師団ならば副官部、中央官衙ならば補任課や庶務課だ。こうすれば、人事屋横暴という声も上がりようがなく、人事屋は自分の栄達のレールをひいているとの噂も立つはずがない。しかし、このような施策も雑談程度のことで終わってしまった。なぜかといえば、人事施策の改善を人事担当部局に任せたからだ。誰が自分の権限の縮小を図ろうとするか、そこに解決できない問題があったのだ。

第Ⅳ部

長期計画とドクトリンの欠如

「長期の修練によって養成された将校が正当な昇進によって、その能力と勤務に合致する報償を受けるならば、そのとき、わがフランス共和国は敵にとって畏怖すべきものとなるであろう」

ナポレオン・ボナパルト

動員戦略構想における人事計画

◆『帝国国防方針』と動員計画

『帝国国防方針』は、明治四十一年四月に制定され、大正七年六月に補修、同十二年二月に改定、そして昭和十一年六月に再改定されて支那事変に入った。戦時所要師団の計画数は、それぞれ五〇個師団、四〇個師団、四〇個師団、五〇個師団となっていた。

ここでは、昭和十一年六月に改定されたものに焦点をあてることにする。前述したように、同年十一月に策定された「軍備充実計画ノ大綱」によって、この国防方針の数値目標を達成することになっていた。

すなわち昭和十七年度までに、常設師団を満州に一〇個師団、朝鮮に三個師団、内地に一四個師団とする。戦時になった場合、内地の師団を二倍動員して合計四一個師団とし、独立歩兵団もしくは外地に配備する師団及び旅団を動員して九個師団とし、総計五〇個師団の目標を達成するとしていた。

この計画によると、昭和十二年度から十七年度までに、常設師団を一七個から二七個にすることとなる。そんな手品みたいなことが可能なのかと思うが、数字合わせという秘策があった。それまでの四単位制（旅団司令部二個、歩兵連隊四個）の師団を三単位制（歩兵団司令部、歩兵連隊三個）に切り替えることで師団数を増やすわけだ。三単位制にすれば、歩兵連隊が一七個浮くから、それをもって師団を編成すれば、全体で二三個師団になる計算で、あと四個師団を新編すれば計画達成となる。

朝鮮と満州に配備する一三個師団は、動員基盤がないこと、高い即応性が求められることから、ほぼ戦時編制の高定員制とする計画で、その定員は約一万五〇〇〇人とされていた。内地にある一四個師団は平時編制で、それぞれ約八〇〇〇人としていた。動員によってまずこの内地師団を戦時編制に移行させる。そしてこれが出征すれば、留守師団を設け、これを核としてもう一個師団を生み出す。これがいわゆる二倍動員といわれるものだ。

内地の常設師団を戦時編制にするだけでも九〇万人以上の召集を必要とする。当時、毎年およそ一〇万人が入営していたから、現役二年、予備役五年四ヵ月、後備役一〇年（昭和十六年十一月、後備役を廃止して予備役一五年四ヵ月に改定）の服役期限からすれば、予備役の召集でどうにか師団の兵員は埋まることになる。

また、日本の動員速度は世界のトップクラスだったことも、陸軍の自信を深めさせた。支那事変当初の実績だが、昭和十二年七月二十七日に姫路の第一〇師団に対して戦時編制いっぱいまでの本動員が下令され、八月十日までに動員を完結させ、八月末には華北に到着している。日本は人口密度が高く、交通や通信の設備がそれなりに整っていたから、これほど早く動員できたのだ。それに加えて、動員業務の系統が精緻に組み立てられていた。

動員を上奏するのは参謀総長、これを受けた天皇は陸相に対して裁可する。陸相はこれを動員令として、対象となる師団に流す。師団長は、充員召集名簿と同召集令状を作製している連隊区司令部に伝達する。連隊区司令官は、六大都市区長、市長に対しては直接伝達し、町村長に対しては警察署長を介して伝達する。市町村の役場には、兵事主任という役職があり、充員召集名簿、同召集令状、在郷軍人名簿を保管しており、これを基にして応召員に急使を派遣して、いわゆる「赤紙」を手渡す。応召員は指定された部隊に出頭し、部隊に組込まれる。

将校の場合、現役、予備役を問わず、各年度の動員計画令に基づいて、毎年三月末に翌年度の戦時職務が令達されていた。現役で連隊付中佐ならば、その戦時職務は二倍動員によって生まれる連隊の連隊長、陸大教官の中佐ならば軍参謀という具合だ。予備役の者には、方面軍、軍の司令官が戦時の職務とされたり、師団や連隊の付佐官という場合もある。参謀適格者で大佐の予備役ならば、特設師団の参謀長に予定される。

常設師団が動員によって戦時編制になっても、第一線に立つ戦列部隊は、将校、下士官、兵ともに現役の者を主体とするのが原則だ。二倍動員によって生まれた特設師団の場合でも、連隊長、大隊長にはできる限り現役の者をあてる。中隊長以下は応召者をあてるが、特に戦時編制になると生まれる小隊長には、甲種幹部候補生や、のちには予備士官学校出身の予備少尉が主にあてられる。このように予備役の将校にも戦時職務を定めておくことによっても、動員の速度が向上した。

日本陸軍は動員体制を整備し、兵員数の手当をしていたから、『帝国国防方針』で戦時所要を五〇個師団、四〇個師団と掲げることができた。ところが現実問題として、各年度の陸軍動員計画令を見ると、五〇個師団どころか四〇個師団に届いたことはない。戦時所要という目標を掲げていれば安心できるのか、それともいつかは達成できるだろうという淡い希望にすがっていたか、そのどちらかだった。

大正十三年度、常設師団は近衛師団を含めて内地一九個師団、朝鮮二個師団だった。朝鮮の二個師団は警備任務が優先され、かつ人口基盤がごく限られていたため、動員して戦時編制にする計画そのものがなかった。また、当時は小倉にあった第一二師団も人口基盤が薄かったため、二倍動員して特設師団を生み出す計画はなかった。このような事情があって戦時編制にし得る師団は三七個に止まったが、それでもこれが動員計画のピークだった。なお、この大正十三年度、方面軍司令部一個、軍司令部七個の動員が計画されていた。

承知のように大正十四年度の軍備整理で四個師団が廃止され、常設師団は一七個となった。この年度から朝鮮にある二個師団も戦時編制に移行できるようになったが、二倍動員はまだ無理だった。内地師団はすべて二倍動員が可能となっていたから、最大で三二個師団となる。

そして昭和六年の満州事変によって、日本はソ連と直接国境で対峙するという戦略環境の大きな変化があった。これにどう対応しようとしたのかと思えば、実に貧弱な備えしかなかった。昭和八年度の動員計画令によれば、常設一七個全部を戦時編制に移行できるが、朝鮮二個師団、近衛師団、旭川の第七師団には二倍動員の計画はなかった。また、姫路の第一〇師団と宇都宮の第一四師団は満州派遣中のため、二倍動員の計画はなく、戦時編制の師団は二八個に止まり、これが平時のボトムとなった。なお、この年度では方面軍司令部二個（北満と華北向け）、軍司令部八個の動員が計画されていた。

このような経過を知れば、『帝国国防方針』で示された数値目標は常にスローガンの域に止まり、それをどう達成するのかの具体策を提示できなかったことが分かる。従って平時が続いたと仮定すれば、昭和十一年策定の「軍備充実ノ大綱」もおそらく挫折しただろう。掛け声だけで満足する、それが日本の民族性だからだ。本気で取り組んだとしても、長年にわたって慣れ親しんだ四単位制（スクウェアー）から三単位制（トライアンギュラー）に移ることに抵抗感があるだろうし、教範から改訂するとなると大仕事だ。

たしかにこの「軍備充実ノ大綱」による改編を行なえば、各単位数は増加する。歩兵連隊は六八個から八一個へ（ほかに関東軍に三個、支那駐屯軍に二個、台湾軍に二個）、戦術単位となる歩兵大隊は二〇四個から二四三個へ、師団砲兵の砲兵中隊は一一九個から二〇一個へと増える。この単位数の増加は、指揮、管理要員数が増えることも意味する。この昭和十年代、大佐の連隊長が育つまで、少尉任官から三〇年ほどかかっている。少佐の大隊長で二〇年、大尉の中隊長でも一〇年の歳月が必要なのだ。この育成の計画を根本から練り直さなければ、軍備充実は絵に描いた餅にすぎない。

それまで一七個師団体制の下、将校はぎりぎりの数で養成してきたが、それを数年の計画で五割増しにしろといっても無理な話だ。この「軍備充実ノ大綱」は、国際情勢などに照らして説得力のあるものだったとしても、人事計画の点でまずつまずいたはずだ。師団数の増加そのものは、支那事変が救いになって達成できた形とはなった。しかし、それはあくまで突発事態への対処であって、綿密な計画に基づく軍備増強ではなかったために、増えたものはただ兵員の頭数だけという実に奇妙な形になってしまった。

◆支那事変突発への対処

昭和十二年七月七日、盧溝橋事件が突発し、まずは北平（北京）、天津の在留邦人一万二〇〇〇人の保護が問題となった。当時、この平津地域にあった支那駐屯軍の兵力は五〇〇〇人、これに対する中国第二九軍は七万五〇〇〇人、さらには蒋介石直率の中央軍も北上の構えを見せていた。

そこで在華北兵力を増強することとなり、まず関東軍から混成旅団二個、朝鮮軍から応急動員した京城の第二〇師団を送り込むこととなった。さらに変に応じるため内地の三個師団（広島の第五師団、熊本の第六師団、姫路の第一〇師団）を動員することとなった。第五師団と第六師団は応急動員、第一〇師団は本動員と予定された。この決定が下されたのは、七月十日のことだった。

この応急動員とは、本動員に対するもので、第一線の戦列部隊を戦時編制にまでふくらませることだ。例えば歩兵大隊だが、当時の平時編制では六〇〇人、これを動員によって一一〇〇人にまでもって行く。現役兵と応召兵の比率がほぼ一対一となる計算だ。応急動員が完結した部隊が出動し、必要があれば追いかけ本動員が発令され、平時編制にない行李、段列、野戦病院などが編成され、本隊に追及して完全な戦時編制の野戦師団となる。

七月二十日までに関東軍と朝鮮軍からの増援部隊は、華北一帯に展開を終えた。しかし、内地の三個師団の動員は慎重に扱われ、なかなか発令されなかった。それは日本側が事件の拡大を望んでおらず、局地的な紛争に止めたかったことの現われだった。とにかく複数の戦略単位を動員するということは、事実上の宣戦布告だから、その発令を渋るのは当然だ。さらなる理由は、動員に必要な経費だ。当時、内地の三個師団を動員して、その態勢を三ヵ月維持するには、三億円必要と見積もられていた。昭和十一年度の総予算は二三億円だったから、慎重にならざるを得ない。

現地の情勢は一進一退を重ねており、事態が収拾する可能性もなくはなかった。ところが七月十九日、華中の廬山で蔣介石は「最後の関頭」と呼ばれることとなる演説をした。その内容は、中国の領土と主権を侵害するものには断じて一歩も譲歩しないと、中国の徹底した抗戦意志を明らかにするものだった。これは主権国家として当然な姿勢だから、日本側の華北における希望とは、折り合いのつくはずはなかった。

このような中国の姿勢を示すかのように、七月二十五日には日本の権益下にある鉄道路線沿いの通信線を補修していた日本軍が、中国軍の銃撃を浴びる郎坊事件が起きた。翌二十六日には、救援のため北京城内に入ろうとした日本軍に対し、中国軍は城門を閉めて銃撃を加えた広安門事件が起きた。これでは平和的な解決は望めないとした参謀本部は、七月二十七日に内地三個師団の動員を決意した。現地の支那駐屯軍も攻勢に出て討伐作戦を開始し、七月末までに平津地域の安全を確保した。

この動員によって、参謀本部第一部長の石原莞爾が主唱してきた不拡大方針が崩れた。ちなみに石原が第一部長を下番して関東軍参謀副長に転出したのは、この昭和十二年九月末のことだった。この初動の一撃に陸軍省も大きな期待を寄せていて、参謀本部が求めた動員派兵の予算を満額認めた上、軍事課員が「これで本当に足りるのか」と念を押したので、参謀本部が驚いたという話が残っている。

動員された内地三個師団は、八月末までに華北に集中したが、日本資本の紡績工場がある山東省の青島で情勢が悪化したため、ここに向ける宇都宮の第一四師団が動員されることとなった。さらに戦火は上海に飛び火し、八月十一日に上海派兵が決定した。上海には名古屋の第三師団、善通寺の第一一師団が向かうこととなり、応急動員された両師団は、戦艦「長門」「陸奥」まで使って急送する騒ぎとなった。

参謀本部は華北の戦線で決戦を指導することとし、兵力の増派が図られた。そこでまず京都の第一六師団が動員され、派兵となった。このように常設部隊ばかりを戦線に投入すると、国防上の大きな欠陥となるということで、特設師団を動員することとなった。まず、弘前の第八師団は満州に派遣されていて、留守師団を設けていたので、これを動員して第一〇八師団、金沢の第九師団を二倍動員して第一〇九師団として、これを華北戦線に送った。八月三十一日に北支那方面軍が編成された時点で、華北の戦線には常設師団六個、特設師団二個があった。

想定外の難戦を強いられた上海戦線にも、次々と師団が送り込まれた。昭和十二年十二月、南京に向かう態勢を整えた中支那方面軍の陣容を見てみよう。当初の第三師団と第一一師団に加え、華北から転用された第六師団と第一六師団、増援の第九師団と常設師団は五個だ。特設師団は、宇垣軍縮で廃止されて今回、仙台で復活した第一三師団、久留米の第一八師団、留守師団を母体とした東京の第一〇一師団、宇都宮の第一一四師団の合計四個だ。

◆計画性に欠ける大動員

これに先立つ昭和十二年九月三日、第七二臨時議会が召集され、同月十日に臨時軍事費特別会計の第一回予算が公布された。これによって昭和十三年三月末までの臨時軍事費は総額二〇億円、うち陸軍臨時軍事費は一四億円、陸軍関係予備費は二億九〇〇〇万円とされた。年度に縛られるにしても、これだけの予算の裏付けが得られ、あとは一瀉千里、昭和二十年の敗戦まで師団の増設に次ぐ増設となった。昭和二十年までの地上師団数と総兵力の推移は別表の通り。

盧溝橋事件から一年、昭和十三年七月末における師団の配置は、内地に二個、朝鮮に一個、満州に八個、華北に一〇個、華中に一三個、合計三四個となり、すでに平時の二倍となっていた。これほどまでに早く戦略単位を生み出すとなると、それまでのように二倍動員して常設師団と同じ四単位の特設師団を編成しようとしても間に合わなくなった。そこで「軍備充実計画ノ大綱」で示された三単位制の師団を臨時に編成することとなった。

宇垣軍縮で廃止となった第一五師団、第一七師団も、当初は特設師団として復活させることになっていたが、臨時編成師団に切り替えられた。当初から三単位の臨時編成師団とされたのが第二六師団で、昭和十二年十月に編成されて蒙疆警備に回された。警備任務に使うのならばまだしも、この臨時編成師団を四単位の常設師団と並列して運用するとなると、さまざまな問題が生じる。兵力、装備とも充実した常設師団と同様に扱われ、往生したという話はよく聞く。

大車輪で師団を編成して戦線に送り出したものの、そこに思いがけない二つの問題が生じた。まずは馬匹だ。支那事変の緒戦に出動した将兵は、平時編制の部隊で訓練を受けている。砲兵連隊などでは、馬の扱い方を教えられているが、多数を占める歩兵部隊はそうではない。平時の歩兵連隊の馬匹の定数は七〇頭、馬の世話をした経験がある将兵はごく限られている。それが戦時編制となって急に五〇〇頭もの馬匹が与えられたのだから大変だ。馬の扱い方が分からず、世話がおろそかになって馬を死なせてしまう。それは機動力、輸送力の喪失を意味し、戦力低下の決定的な原因となった。

さらに信じられない問題が、基本となる武器の小銃だ。交戦状態に入ると、すぐさま小銃が足りないという悲鳴が前線から殺到した。長年にわたって想定していた満州から東部シベ

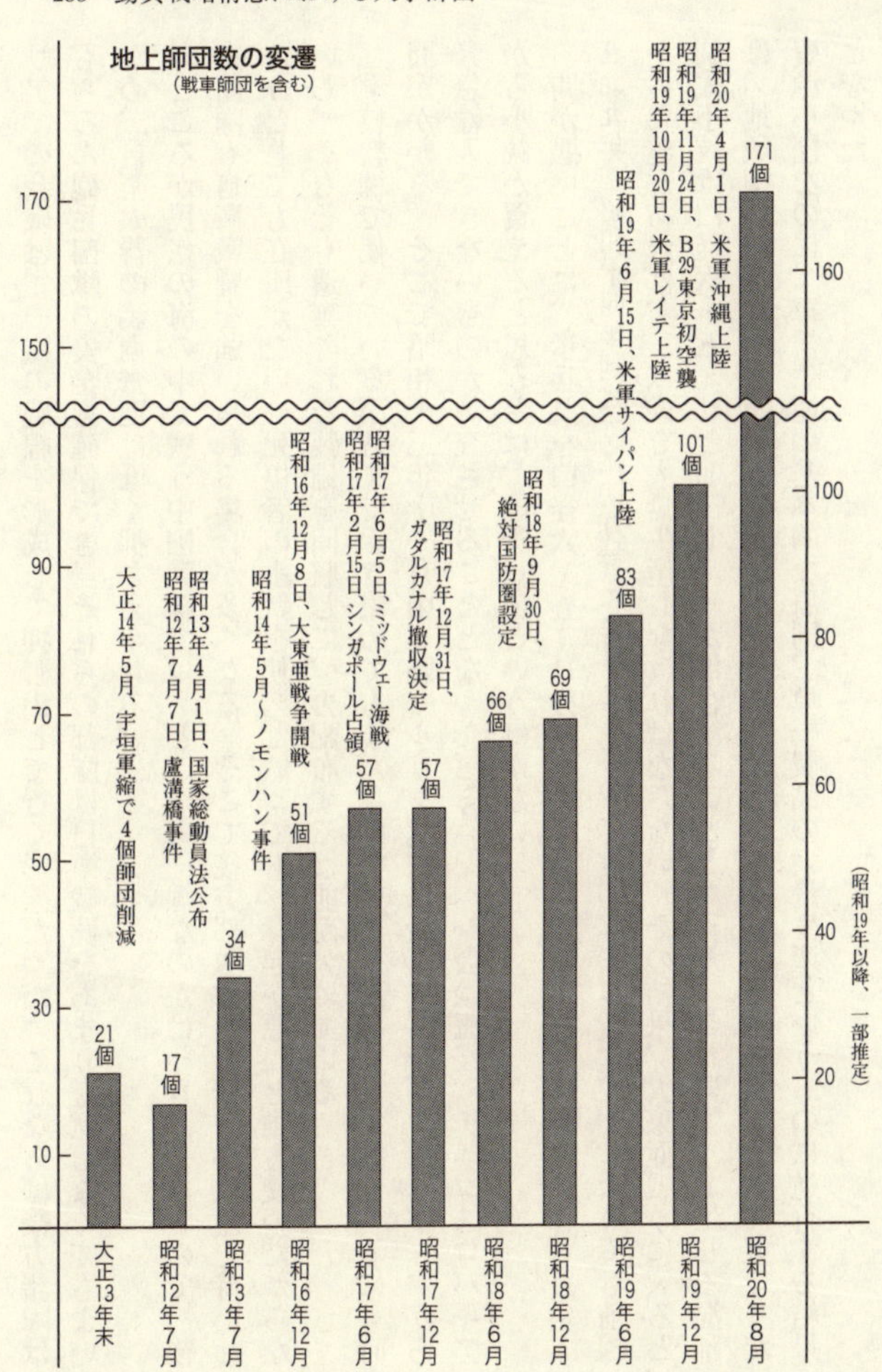
地上師団数の変遷
（戦車師団を含む）
170
150
90
70
50
30
10
160
100
80
60
40
20
（昭和19年以降、一部推定）
21個
17個
34個
51個
57個
57個
66個
69個
83個
101個
171個
大正13年末
昭和12年7月
昭和13年7月
昭和16年12月
昭和17年6月
昭和17年12月
昭和18年6月
昭和18年12月
昭和19年6月
昭和19年12月
昭和20年8月
大正14年5月、宇垣軍縮で4個師団削減
昭和12年7月7日、盧溝橋事件
昭和13年4月1日、国家総動員法公布
昭和14年5月～ノモンハン事件
昭和16年12月8日、大東亜戦争開戦
昭和17年2月15日、シンガポール占領
昭和17年6月5日、ミッドウェー海戦
昭和17年12月31日、ガダルカナル撤収決定
昭和18年9月30日、絶対国防圏設定
昭和19年6月15日、米軍サイパン上陸
昭和19年10月20日、米軍レイテ上陸
昭和19年11月24日、B29東京初空襲
昭和20年4月1日、米軍沖縄上陸

リアでの会戦は、一定の戦線を形成して押し出して行く形態だった。これならば後方諸隊はもちろん砲兵部隊の安全も確保でき、それらの部隊は自衛戦闘をあまり考慮しなくてもよいため、自衛火器の装備密度は低く押さえられる。

ところが民衆の海の中で戦う中国戦線では、どこが第一線なのかはっきりしないので、後方諸隊も自衛戦闘を強いられる場合が多くなる。そこで後方部隊にも十分な小火器を持たせようとしても在庫がない。死傷者の小銃を使えといっても、縁起が悪いと誰も使いたがらないし、そもそも遺棄された装備を回収して、再配布する機能が欠けている。

学校教練で使っている小銃までかき集めてもまだ足りない。生産ラインを拡充するにも時間がかかる。そこで昭和十三年十一月頃、駐ベルリン武官に命じて、チェコスロバキアから緊急輸入できないものか調査させることとなった。ミュンヘン会談直後、チェコスロバキアから小銃が買えると思うとは、国際音痴というほかかない。

間が悪いことに、歩兵銃を口径六・五ミリの三八式から口径七・七ミリの九九式（皇紀二五九九年、昭和十四年制式）に切り替えようとしていた時期だったのだ。そんな時でも前線から要望があれば、三八式を大量生産しなければならない。その結果、大東亜戦争に入ると、制式小銃は口径六・五ミリと七・七ミリが併存することとなった。これによって生じる混乱は、地域割りで解決することとした。内地と満州は七・七ミリ、中国と南方は六・五ミリだ。資源小国なのに、軍需生産の基本的な原則、単一製品の大量生産というものに逆行する結果となった。

ともあれ、昭和十五年中に五〇個師団となり、明治四十年以来の夢が実現した形になった。目標を掲げて計画的に進めてきた結果ではなく、事変のどさくさの中で気が付いたら五〇個師団になっていたということだ。そして、大東亜戦争開戦の昭和十六年十二月、日本陸軍の師団配置は、内地に二個、朝鮮に二個、満州に一三個、中国に二二個、南方向けに一〇個となっており、合計五一個だった。加えて混成旅団などが五八個ある。そして激闘が続く中、地上師団一七一個、六四〇万人の兵力にまで至って昭和二十年の敗戦を迎えた。

結果がどうであれ、この師団の増設は日本史上、最大の事業であったことは間違いない。そこまでしても惨めな結果に至った理由のひとつに、この組織を効率よく運用できなかったことが上げられるが、それはまさに人の問題、すなわちマンパワーの管理、運営に問題があったのだ。

◆長期展望なき将校育成

本格的な学校教育による将校の育成は、陸軍士官学校に明治八年入校、同十年十二月に少尉任官の士官生徒一期に始まる。少尉任官まで隊付勤務をさせないこのフランス式の士官生徒制度は、明治十九年八月入校の一一期まで続く。明治二十一年十一月入校（中学出身者）、同二十二年一月入校（幼年学校出身者）からは、ドイツ式の少尉任官までに隊付勤務をさせる士官候補生制度に切り替わり、これがいわゆる士候一期と呼ばれ、昭和二十年八月の敗戦時に在校した六一期まで続く。これら正規将校の育成数、少尉候補者数などの推移は別表で示す。

明治二十七（一八九四）年八月から翌二十八年四月までの日清戦争中に募集した士候八期まで各期の卒業生は三〇〇人を超えることはなかった。大量採用が始まるのは、明治二十九年九月入校の士候九期からで、一挙に六〇〇人を突破、一三期から一七期までは七〇〇人を超えた。対露戦を覚悟した臥薪嘗胆の時代のことだ。日露戦争（明治三十七年二月〜三十八年九月）開戦前後の二年間は大きく落ち込むが、これは開戦準備で受け入れ態勢が整わなかったこと、また一五期までの大量蓄積で戦争を乗り切れると考えていたからだろう。

ところが日露戦争は、旅順要塞攻略戦を始めとして兵員の消耗が凄まじく、特に将校の戦死率は想定外のものだった。日露戦争中、将校の出征数は一年志願の予備少尉を含めて約二万二〇〇〇人、戦死者はその八・八パーセントに達した。特に歩兵科の佐官の戦死率は二〇パーセントを超えた。なお兵卒の戦死率は五・七パーセントだった。

これは大変、当面の戦争に対応しつつ、さらに戦後の軍備を考えても早急な対策を講じなければならなくなった。そこで前述したように、旅順要塞攻略戦たけなわの明治三十七年十二月に入校の士候一八期は、九六九人の大量採用となった。それでもなお不安が残るということで、特別中間期を設けることとなり、中学出身者のみの士候一九期とし、なんと一一八三人も採用した。

この一八期と一九期の大量採用は、日露戦争には間に合わなかった。平和になったからお引き取り願うというわけにはいかないし、まとまった退職金を渡して方向転換を願うにも、

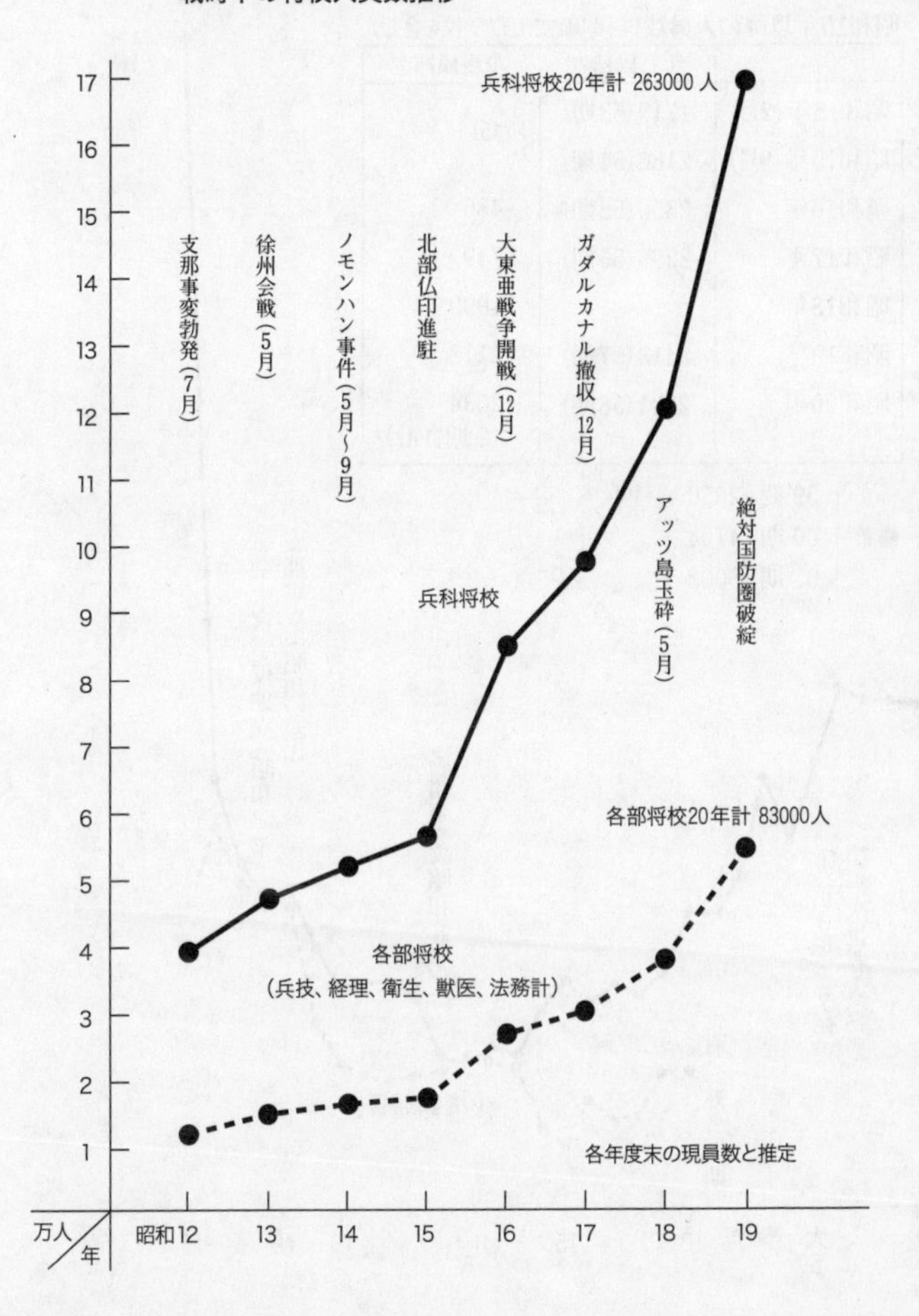
戦時下の将校人員数推移
兵科将校20年計 263000 人
支那事変勃発（7月）
徐州会戦（5月）
ノモンハン事件（5月〜9月）
北部仏印進駐
大東亜戦争開戦（12月）
ガダルカナル撤収（12月）
アッツ島玉砕（5月）
絶対国防圏破綻
兵科将校
各部将校20年計 83000人
各部将校
（兵技、経理、衛生、獣医、法務計）
各年度末の現員数と推定
17
16
15
14
13
12
11
10
9
8
7
6
5
4
3
2
1
万人
年
昭和12
13
14
15
16
17
18
19

昭和15年以降の人員数推移（航空士官学校を含む）

	士官候補生	少尉候補者
昭和15年（2月）	1719（53期）	451
昭和15年（9月）	2186（54期）	
昭和16年	2350（55期）	436
昭和17年	2299（56期）	749
昭和18年		1090
昭和19年	2413（57期）	2118
昭和20年	2301（58期）	2634（2期合計）

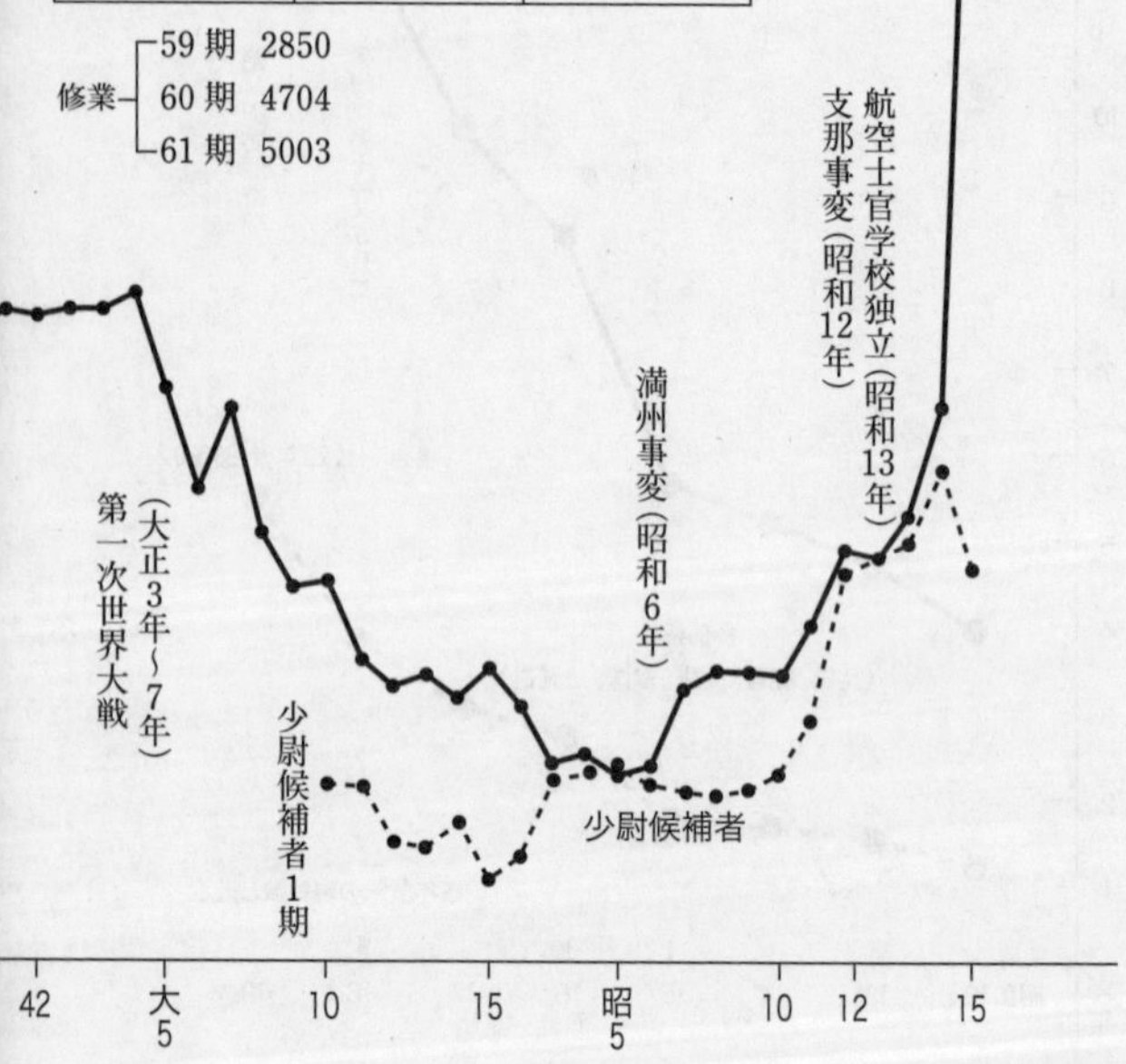

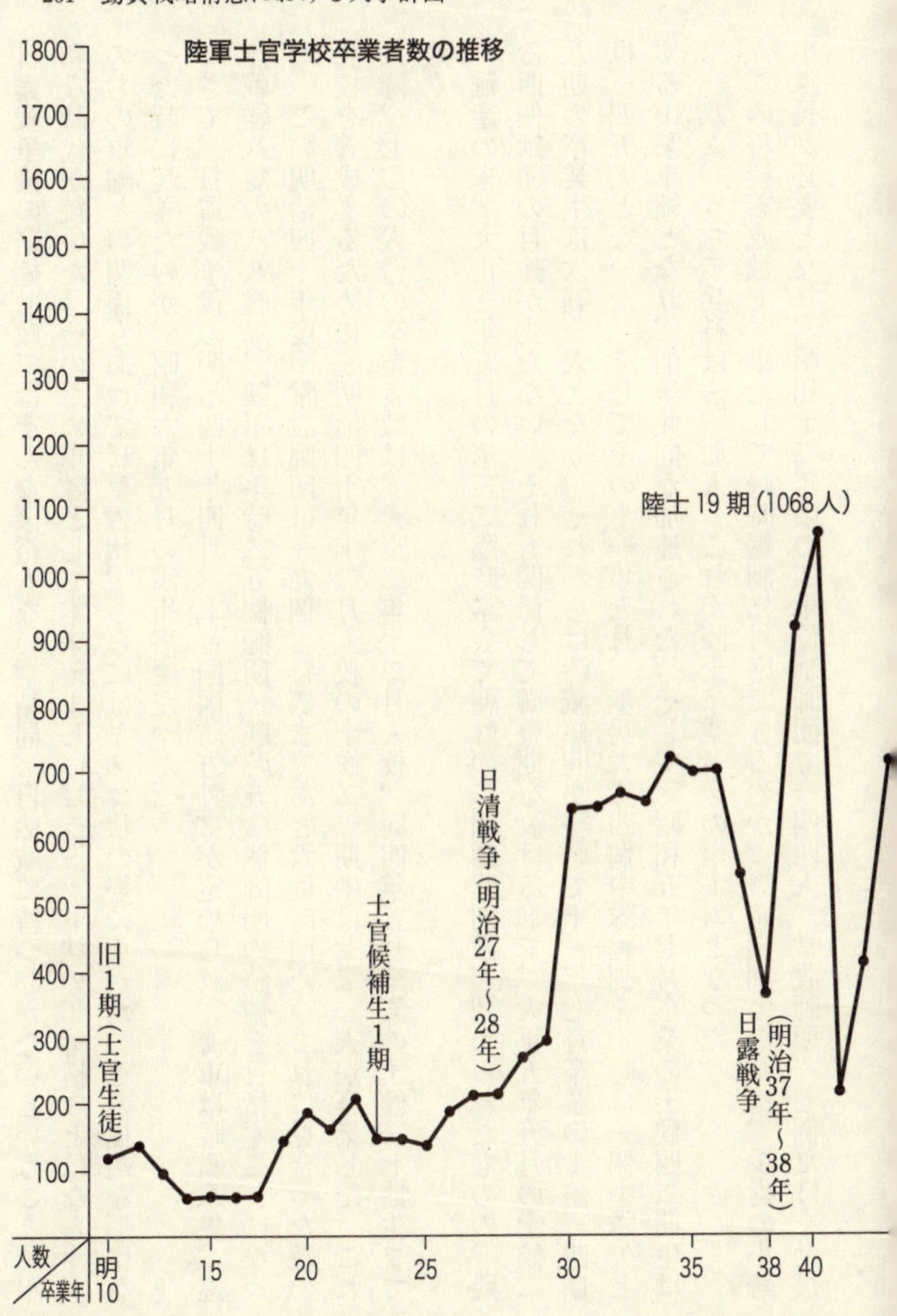
陸軍士官学校卒業者数の推移
1800
1700
1600
1500
1400
1300
1200
1100
1000
900
800
700
600
500
400
300
200
100
人数
卒業年
明10
15
20
25
30
35
38
40
旧1期(士官生徒)
士官候補生1期
日清戦争(明治27年～28年)
陸士19期(1068人)
日露戦争(明治37年～38年)

日露戦争後の緊縮財政ではそんな余裕もない。結局、自然減に待つしかないということで平和な時代が続いた。そのため軍隊として本来望ましいピラミッド状の年齢構成とはならず、のちの軍縮との関係もあってビヤ樽状、さらにはキノコ状の姿になった。その極端な形になった時に起きたのが、昭和六年九月の満州事変だった。

さて、日露戦争後の明治四十年四月、『帝国国防方針』が定められ、海軍は戦艦八隻、巡洋戦艦八隻の八八艦隊、陸軍は平時二五個師団・戦時五〇個師団の整備を目指すことになった。この明治四十年度、常設師団は一九個、目標まであと六個師団だ。これに見合った数の将校を養成するために、明治四十年十二月入校の士候二二期生は七二一人が卒業した。これ以降、七〇〇人台の卒業者数は、大正二年十二月入校、同四年五月卒業の士候二七期生まで続く。

難産の末、大正三年五月の第三二臨時議会で朝鮮の二個師団創設が認められたものの、残る四個師団の目途が立たない。それも関係して調整期を設ける形で、大正五年五月の士候二八期の卒業生は六五一人となり、それからは漸減傾向が続いて十一年七月卒業の士候三四期は三四五人となった。そしてその十一年五月、歩兵大隊四個中隊編制を平時は一個中隊欠とする山梨軍縮となり、削減傾向が加速された。そして、昭和五年七月卒業の士候四二期生は二一八人、うち歩兵科は一一七人、これが陸士卒業者数のボトムとなった。

この将校養成数で、果たして戦時編制に対応できるのか。戦時編制となれば、少尉の小銃小隊長が必要となり、昭和十二年頃の四単位制師団で一四四人、常設師団一七個だけを動員したとしても二五〇〇人の歩兵少尉が必要となる。少尉を三年勤務させるとしても、陸士出身者だけではとても足りない。ではどうするか。徴兵で甲種幹部候補生（甲幹、下士官要員は乙幹）出身の予備少尉が毎年三〇〇〇人ほど生まれるから、これで対応できるとしていた。では、本格的な教育を必要とする中隊長以上はどうするか、それが難問だ。

また、将校の供給源には少尉候補者制度もある。下士官から選抜されて、陸士で一年コースを履修して少尉に任官する制度で、大正十年に一期生を送り出している。軍縮期は毎年二〇〇人ほどの少尉がこの制度から生まれ、正規の陸士出身者の減少を補っていた。この少候を中隊長にあてることを考えていたのかと思えばそうではなく、年齢がどうなの、資質がどうなのと理屈を付けて中隊長として使わないのだから不可解だ。

昭和十二年、支那事変が始まる直前、少候出身者を試験的に中隊長に上番させた。一〇年もの下士官生活を経験しているのだから当たり前なのだが、これが好成績を収めた。そしてすぐに戦時となり、損耗が激しい中隊長の補充にあてられ、これまた第一線で大好評だった。そこで翌十三年から大隊長で使ってみると、これまた当然、〝実包〟と称された正規陸士出身者と比べてなんの遜色もなかった。大東亜戦争も終末期に入った昭和二十年、中佐のままで連隊長にもあてたが、これまた成績は良好だった。最初から少候出身者を重用すればよいものをと思う。とにかく中長期にわたる人事計画というものがないのだから、せっかくの制度も活かしきれない。

◆大量育成の体制

昭和三年四月に士官学校予科入校、同七年七月に本科卒業の士候四四期生から、ようやく三〇〇人台を回復した。その間に満州事変が起こり、対ソ作戦の主戦場と想定した東部正面だけでも対峙線は六〇〇〇キロに達した。そういう戦略環境になっても、将校の養成は以前のままだ。ただ、高度国防国家の建設との掛け声だけが勇ましかった。なんとも空しい話なのだが、これには教育施設の問題がからんでいる。

大正十年に東京幼年学校が市ケ谷台（牛込区本村町、現防衛省）から戸山台（現新宿区戸山）に移転し、市ケ谷台には陸士予科（大正九年、中央幼年学校を改編）と本科が残った。予科と本科の在校期間は合わせて四年だったから、一期三〇〇人として計一二〇〇人、毎日、三食の用意だけでも大変だ。とにかく完璧な全寮制なのだから、その生活施設から手を付けなければ増員はできない。

盧溝橋事件が突発した直後の昭和十二年八月、士官学校予科は予科士官学校として独立し、本科は単に陸軍士官学校と呼ばれることとなった。同年九月末、士官学校は神奈川県高座郡相模原町座間（現陸上自衛隊座間駐屯地、米陸軍キャンプ座間）へ移転した。これで市ケ谷台の施設に余裕が生まれたこともあり、五三期生は十二年四月入校の一〇五〇人に加え、八月に八〇〇人が追加され、正規将校の大量育成が始まった。

昭和十三年十一月、航空士官学校が独立し、埼玉県入間郡豊岡町（現航空自衛隊入間基地）に本拠を構えた。さらに十六年十一月、予科士官学校が市ケ谷台から北足立郡朝霞町

（現陸上自衛隊朝霞駐屯地）に移り、正規将校大量育成の基盤が整った。こうして五四期生からは採用数二〇〇〇人を超え、昭和十九年三月入校の六〇期生は四七〇〇人にも達した。なお、教育機関がいなくなった市ケ谷台には、まず大本営陸軍部、続いて陸軍省、参謀本部が入り、敗戦に至っている。

さて結果として見た場合、この陸士における将校養成数の推移は、支那事変から大東亜戦争にどのような影響を及ぼしたのか。陸士卒業生が二〇〇人台まで落ち込んだ三九期生から四三期生までを見るだけでも、かなり大きな問題が生じている。この三九期生から四三期生が大尉に進級したのは、昭和十年三月から十二年三月までの間だった。少佐に進級したのは昭和十三年八月から十六年八月だった。これはすなわち、支那事変の緒戦においては中隊長が、大東亜戦争緒戦時においては大隊長が不足したことを意味している。

敗戦後、極東軍事裁判で日本は計画的に準備して侵略戦争を遂行したと追及されたが、それが事実無根であることは、この将校育成数の推移によって証明できる。とにかく計画されていた戦時五〇個師団、もしくは四〇個師団に見合った中堅将校を養成し、維持してこなかったのだから、大戦争をするなど考えもしていなかったとなるはずだ。敗者があれこれ主張しても仕方がないが、後世の史家はそう語るだろう。

下級将校の絶対的な不足は、前述したように少候、甲幹で充足できるとしていた。この甲幹の問題点は、連隊単位の短期養成だったことだ。それを補う集合教育もなかった。そこで甲幹の制度を発展させ、昭和十四年に豊橋、久留米、盛岡、奉天に予備士官学校を設けて、本格的な集合教育を始めた。徴兵で入営後六カ月で選抜されて甲幹、予備士官学校に入校して一年、見習士官として原隊で六ヵ月勤務、これで予備少尉任官、満期除隊というものだった。

この制度によって生まれた予備少尉は第一線で好評を博し、正規陸士出身者と比べてもなんら遜色がないとまでいわれた。そうなると正規のコース、陸幼三年、陸士四年の教育はなんであったのかという疑問すら生じる。将校の三術「戦術、剣術、馬術」の詰め込み教育は、実戦においてそれほど役に立たなかったということになる。

もちろん国軍の将来を担う正規将校を育成する陸幼、陸士は不可欠だ。しかし総力戦となれば、広く要員を募って今日でいうところのBOC（幹部初級課程）、AOC（幹部上級課程）で養成し、中隊長までにあてる制度が理に適っている。ワシントン軍縮条約が失効する一九三六（昭和十一）年から危機が始まると語られていたのだから、満州事変が始まった頃から、正規陸士の採用数はそのままでも、この予備士官学校の制度を始めて初級幹部の数を確保する、それが中長期の人事計画というものだ。

◆定着しなかったチームという観念

日露戦争においては、高級指揮官の威徳が行き渡り、昭和三年三月制定の『統帥綱領』にあるような衆望の向かうところ、あるいは仰慕の中心となって勝利へと導いたかのように語られるが、それは軍国講談であって事実ではない。戊辰戦争や西南戦争を戦った年代の者、

それに対して欧米留学や陸大で学び、近代兵学の奥義をきわめたと自負する若手との間にな
にかと軋轢が生まれた。
凱旋後、出征中になにに苦労したかと問われた大山巌は、「知っちょって知らんふりする
ことよ」と笑ったそうだが、そのあたりの事情を物語っている。大山と児玉源太郎という両
巨頭の下にあった満州軍総司令部でも問題があったというならば、各軍司令部以下の様子は
容易に想像できる。ただ、第四軍司令部は良くまとまり、隷下部隊との関係も円滑だったと
伝えられている。
第四軍司令官は、大山巌をいつも「弥助ドン」と呼び、同輩と思っている鹿児島出身の野
津道貫、参謀長は宮崎出身とはいいながら野津の女婿の上原勇作だ。参謀副長は福岡出身の
立花小一郎、参謀の一人、町田経宇は鹿児島出身だ。なんのことない九州閥で固めたのだか
ら、まとまりが良いはずだと思われがちだ。たしかに珍しく山口出身者がいない司令部だが、
それだからといって藩閥だと決めつけられない。
町田経宇のほか三人の参謀、田村沖之甫は山梨出身、市川堅太郎は石川出身、矢野目孫一
は大分出身とまちまちだ。砲兵部長の楠瀬幸彦は高知出身、人事も握る管理部長の菊地（戸
田）慎之助は茨城出身だ。また、奉天会戦時の隷下師団長を見ると、第六師団長の大久保春
野は静岡出身、第一〇師団長の安東貞美は長野出身だ。野津道貫は最先任の軍司令官で大山
巌との関係からも、司令部を薩州一色で染め上げることもできただろうが、そういうことは
しなかったのだ。

明治三十七年十月、沙河会戦中に信じられない出来事があった。第四軍の隷下にあった第五師団は積極さに欠けるから、これを第四軍の戦闘序列からはずし、代わりに後備第三旅団と第六師団の歩兵第一一旅団をくれと上原勇作参謀長が大山巌に直談判に及んだのだ。作戦中に戦闘序列を変更してくれとは、まったく異例なことだ。大山は再考を求めたが、上原は主張を曲げない。大山も困り果て、同意ということになった。もし大山が強く出て、上原が引き下がったならば、まさに〝子供の喧嘩に親が出る〟と野津道貫が、「弥助ドンはおるか」と総司令部に乗り込んだかもしれない。

そこまではやらないのが常識だが、野津道貫と上原勇作のコンビならではの話だ。戦況が厳しい中で任務第一となれば、とことんやるのが正しいとも思える。これで第四軍の隷下部隊は震え上がっただろうが、軍司令部の士気は高揚したはずだ。とても無理と思われることも、上司が押し通してくれたのだ。ここに真の団結が生まれる。戦うチーム、勝利を目指して突き進むチームというものの原型をここに見ることができる。

この第四軍司令部は、「親父」「勇作」と呼び合うトップの人間関係による部分が大きく、血族意識が支配していたともいえるだろう。それを一歩進めて、没個性の色合いを強めて機能集団としてのチームに昇華させれば満点だ。ところが日本軍、いや日本の社会そのものは、親分と子分という意識のレベルに止まり、「俺の言うことを聞いていればよい」と高圧的に出る上司、「泣く子と地頭には勝てない」と諦める部下という取り合わせに終始しているように見える。これでは機能集団とは呼べない。

第Ⅰ部の冒頭で紹介した、「私に共鳴する人物を集める」といったアルバート・ウェデマイヤーでも、次のように語っている。
「作戦計画の作成作業においては、上官の意向に対し、質問も行なわずに全員一致でこれに盲従してよいというものではない。作戦計画作成の過程では、批判を加え、あれこれと質問を重ねることが絶対に必要なのである」

社会学的に考察すれば、日露戦争中の第四軍司令部では、本質意志（ゲマイン）の共有によって組織の「和」と「輪」が保たれていたといえる。同郷意識、本家と分家、さらには親分と子分といった村落社会を支配する意識が紐帯となっていたと見ることができよう。第四軍司令部という集団は、フェルディナンド・テンニースが唱えた共同社会（ゲマインシャフト）だったと結論できる。

社会学の定説によれば、この共同社会は利益社会（ゲゼルシャフト）に移行するとされる。すなわち選択意志（ゲゼル）によって組織される集団、社会だ。自然発生的な一族や村落といった地域自治体から、国民国家への移行がそれだ。では、その選択意志とはなにかだが、利益の相補性、制御と規則の必要性、概念や知識の客観性から成り立っているとされる。

さて、日本の社会やそこに存在する集団が、このような発展経過をたどって利益社会となり、機能集団を確立して大東亜戦争に突入したのかと思えば、どうもそうではなく共同社会の部分を多く引きずっていたように思えてならない。もちろん利益社会としての国民国家を確立していたとは思うが、そこの中に存在した個々の集団、特に武装集団はどうだったのか。時代が進むにつれて、第四軍司令部をある面で支配していた同郷意識は薄らいだ。それに代わって、陸幼、陸士、陸大の先輩と後輩、さらに引き立て合う仲という関係、すなわち形の変わった本質意志が支配していたように見受けられる。

日本の陸軍には、共同社会の部分が多く残った結果、〝なあ、なあ〟が通用する仲良しグループ、論理的ではない説得、納得を欠く盲信、反論を口にもできない盲従が支配する集団になってしまった。そして結局、似た者同士で固まる。それは決して機能的なチームではない。バーナード・モントゴメリーは、「二人がまったく同じような性格では、最良のチームは組めない」と語っている。彼は冷静で酒もタバコもやらない禁欲的な人だった。ところが彼の参謀長を長年務めたフレディ・ド・ギンガンドは、興奮しやすく、酒好きで、美食家だった。

どうして日本の武力集団は、有機的なチームを組んだ機能集団に発展しなかったのか。まず、宗教の問題があるはずだ。木々や山々にも神の存在を信ずる日本の風土と唯一絶対神が相克する社会との違いだ。言葉で説明しなくても了解し合える社会と、論理的に説得しなければ従ってくれない社会とでは、集団の形成もまた違った形となる。言語の特質も関係している。日本語は主語を省略してもよく通じる。それは便利なことだが、自己をどう表現し、主張するかという点において問題が残る。

要するに、前述した共同社会から利益社会へステップするための三つの要素のうち、概念や知識の客観性に欠けていたのが日本の社会だということだ。だから武装集団においても、「分かってくれるはず」「なんとなく分かった」という曖昧な関係が生じてしまう。客観性に富む説得というものがないから、本当の意味での納得がない。指揮官として自分の意志を客観性をもって説明して明示し、部下を納得させた上で確行を求め、かつ、その結果を自分の目で確認するというプロセスのどこかを省略してしまう傾向がこの日本には濃厚だ。だから責任の所在が不明確になり、誰も責任をとらなくなる。

◆許されない恋愛人事

機能的なチームという観念が欠けていた理由は、日本の社会構造そのものに遠因を求めることができるにしても、より直接的な原因は人事の進め方そのものにあった。部下というものは天皇陛下から授かったもので、それにケチをつけたり不満を漏らすことなど不敬だという考え方が根底にある。あてがいぶちで我慢しろ、お仕着せでも着こなせ、〝体を服に合わせろ〟ということだ。あれを部下にくれという恋愛人事などもってのほかという思潮だった。部下は上司を選べないと同時に、上司も部下を選べない、それが日本軍だったのだ。『統帥綱領』では、その第二「将帥」の項において、「たとえ能力秀でざる者といえども必ずこれに任処を得しめ、もってその全能力を発揮せしむること肝要なり」とあった。最高のドクトリンでこう宣言された以上、どうにも困った問題児をつまみ出したとすれば、「部下を使いこなせない指揮官」とされ、非難の矛先はつまみ出した方に向けられる。だから日本軍の指揮官は、部下に対して誰もが及び腰になり、問題児がのさばることになる。これでは一心同体のチームは組めない。

また、参謀がドイツ式に管理されていたことも、チームの形成を阻害していた。ドイツ陸軍ほど厳格ではないにしろ、師団のひら参謀といえども、系統をたどれば参謀総長に行き着く。そこから生まれる選良意識によって、自分は天皇の直隷下にあると飛躍する。そんな意識の者の扱いは難しい。さらには前述したように、人事の一元化とはいいながら、参謀の人事は参謀本部が握っていたのだから、それを異動させるには、軍政と軍令の二系統に交渉しなければならず、そう思う通りに事は運ばない。

大東亜戦争を戦った将帥に直接話を聞く機会はなかったが、朝鮮戦争を戦った韓国軍の将軍たちにはさまざま聞くことができた。それによると、「転属してもG3(一般幕僚第三部、作戦担当)だけは連れて歩くようにしていた。G3が転属してしまうと、手足がもがれたように感じるものだ」ということだった。逆に「日本軍はどうだったのか」と尋ねられ、「そんな恋愛人事は許されませんよ」と答えると、「それは大変だ。よくやれるな」と妙に感心されたものだった。

米陸軍はさらに徹底していたそうだ。朝鮮戦争の緒戦、米第八軍司令官だったウォルトン・ウォーカー中将のG3はアラン・マクレーン、第二次世界大戦中からのコンビだ。さらには専属副官のレイトン・タイナー、連絡機のパイロットのマイク・リンチ、ドライバーのジョージ・ベルトン、これらはウォーカーがヨーロッパ戦線の第二〇軍団長時代から一緒のチームだ。このような人事は、まず日本では考えられない。

日本軍でもごく限られた有力な人ならば、少しは恋愛人事を形にしたかと思えば、そういうことは滅多にない。常に将来の陸相と語られていた超大物の山下奉文ですら、最後の最後にようやく希望する人事を形にしてもらった。彼は昭和十六年七月、新設の関東防衛軍司令官に上番したが、なんと専属副官が未定だった。そして同年十一月、山下はシンガポール攻略に向かう第二五軍司令官と内示され、上京することになった。それでもまだ専属副官が決まっていなかったため、見かねた後任の草場辰巳が自分の副官を差し出し、これを借りて東京に向かう始末。あの山下ですら、あてがいぶち以前の扱いを受けたのだ。

もちろん、南方攻略の主攻を担う第二五軍司令部は最強の陣容だったことは前述した。そして、期待に応えて第二五軍は予定通り紀元節の前後、昭和十七年二月十五日にシンガポールを攻略した。では、この最強のチームがどうなったのかといえば、すぐさま解散だ。参謀長の鈴木宗作は、まず慰労ということか兵器本廠付から大本営の運輸本部長、参謀副長の馬奈木敬信はボルネオ守備軍参謀長、高級参謀の池谷半二郎は整備局交通課長へ異動、ほかの参謀も大本営などへ栄転した。そして山下奉文は、昭和十七年七月に大将進級の含みで東部満州の第一方面軍司令官に転じた。

緒戦の大勝利に沸き、どこの戦線にも火が付いている情勢でもないのに、栄光のチームをわざわざばらばらにする必要がどこにあったのか。この人事には褒賞や慰労の意味もあるにせよ、時間がきたから異動という人事のための人事、人事を回すための人事に過ぎず、勝利のためにマンパワーを管理するのだという姿勢が見られない。山下奉文が内地にも寄らず牡丹江に着任した事情はともかく、第二五軍司令部の若手参謀を一人でも付けて新任地に送るのが、大戦果を上げた将軍に対する礼儀と思うが、そういう気配りもない。陸海軍共に妙に格式張っていたが、本当の礼節は知らなかったようだ。

◆自分のチームを作る重要性

さて戦勢も逆転し連合軍の攻勢が激しくなる中、昭和十九年九月末に山下奉文は第一方面軍司令官から、フィリピンの第一四方面軍司令官に転じた。これに先立つ同年七月末、それまでの第一四軍を方面軍に昇格させ、主に関東軍から兵力を転用して八月上旬までに四個師団基幹の第三五軍と方面軍直轄の四個師団、一個戦車師団という陣容になっていた。兵力的には関東軍なみの最強の方面軍だが、守るべき島嶼は七〇〇〇だ。また、治安軍から野戦軍への転換がなかなか進まず、司令部の充実もこれからといったところで、山下司令官発令となった。

打ち合わせのため上京した山下奉文を待っていたのは、あてがいぶちの司令部要員もおらず、ただ参謀副長に決まっていた西村敏雄だけだった。山下が第一方面軍司令官だった時の高級参謀が西村という関係だ。山下が特に西村を望んだのではなく、人事局が気をきかしたのだろう。西村は以前、田中義一の養子になったこともあり、南方軍総司令官の寺内寿一とはよく知る関係にあった。大本営、南方軍、第一四方面軍との関係が難しくなった場合、西村が潤滑油になってくれることを期待しての人事だった。

では、参謀長を誰にするか。山下奉文が黒田重徳に代わって方面軍司令官になった昭和十九年九月末の時点で、参謀長は佐久間亮三だった。事務の連続性を保つため、司令官と参謀長を同時に異動させるのは避けるものだが、佐久間は病気ですぐに下番させなければならない事情があった。そこで山下は、大本営と陸軍省に対し後任参謀長について明快に個人名を上げて要望した。お仕着せの司令部で満足する、あてがいぶちの人事を黙って受け入れるのが普通だったから、これは異例のことだった。

山下奉文

さて、山下奉文が希望したのは、この時点で南方軍総参謀長の飯村穣、第二方面軍参謀長の沼田多稼蔵、近衛第二師団長の武藤章の三人のうちいずれかだった。山下が第一方面軍司令官の時、飯村は第五軍司令官、沼田は第三軍参謀長から第一二師団長と山下の隷下にいた。山下と武藤との関係は古く、昭和十三年に山下が北支那方面軍参謀長を務めた時、参謀副長が武藤だった。そしてその司令官は寺内寿一だ。飯村と沼田はどうしても抜けないということで、参謀長は武藤に落ち着いた。

大本営は死地に向かう山下奉文には気を遣い、彼が上京すると大本営参謀の朝枝繁春を秘書官役に付けた。第二五軍参謀だった朝枝だ。早速、山下は彼を参謀にもらい受け、さらに田中光祐と堀栄三の二人を大本営から引き抜いた。山下としては、半年前に第一方面軍高級参謀に転属してきた池谷半二郎を連れて行きたかったろう。シンガポールに向かった第二五軍高級参謀の池谷だ。しかし、そこまではできなかった。ともあれ、山下だったから許された人事、そして司令部ができていなかったから実現した人事だった。

規模こそ違え、自分が希望する人事を押し通したのが小笠原兵団長、第一〇九師団長の栗林忠道だった。硫黄島防衛にあてられた戦力は、父島要塞部隊を改編した混成第二旅団、サイパンに逆上陸する予定だった歩兵第一四五連隊、戦車第二六連隊を基幹とする約二万三〇〇〇人だった。師団とは名ばかりの寄せ集め、司令部も弱体だった。これでは戦えないと栗林は、昭和十九年十二月に大ナタを振るった。

混成第二旅団長の大須賀応を更迭して第一〇九師団付とし、その後任には栗林と同期の陸士二六期で仙台幼年学校長をしていた千田貞季をあてた。千田は歩兵学校の勤務が長く、歩兵戦闘の権威として知られていた。また、第一〇九師団参謀長の堀静一も更迭して混成第二旅団付とした。後任は関東地方にあった第九三師団参謀長の高石正とした。

栗林忠道が人事異動を強く求め、それを中央が認めたことは異例だった。特に更迭した者を現地に止めるとは、武士の情けがないともされた。しかし、その措置によって各司令部が強化されたことも間違いない。これらの人事をどう評価するか、結局は硫黄島の戦闘経過を見てくれとなるだろう。

◆準備しておくべき司令部

第一四方面軍によるレイテ、ルソンの作戦を追うと、なぜ勝利のチームとでもいうべきマレー作戦の第二五軍司令部の骨幹だけでも残しておかなかったのかと思う。戦場は島嶼が連なる広い正面、どこをも守ることはできないのだから、連合軍の上陸を許すことになる。従って作戦は防御ではなく攻撃であり、それは船舶輸送の成否にかかっている。そこに第二五軍がマレー半島で演じて見せた作戦が応用できたはずだ。

第二五軍参謀長の鈴木宗作、高級参謀の池谷半二郎、後方参謀の解良七郎、船舶輸送に精通した実績あるチームだ。このチームを維持しておいてレイテ決戦に臨めば、多少とも違った展開になったはずだ。島嶼部を担当する第三五軍司令官に鈴木をあてたのは正解だ。しかし、池谷を第一方面軍の高級参謀においておく必要はない。解良は第二五軍参謀から南方軍船舶主任、参謀本部第一〇課（船舶課）高級課員と船舶一筋の上手な人の使い方にしろ、こういうプロを決戦に投入すべきだ。

確かに戦時において、特定のチームを温存しておくことは難しい。とにかく参謀が不足しているのだから、優秀で実績のある人は引く手あまただ。しかし、特急一番ここぞという時、呼び集めて最強のチームを編成するシステムを準備しておかなければならない。お仕着せの組織で、上司は部下に不満を抱き、部下は上司に失望しているが、どちらも仕方がないかと元気を失っているようでは、よりダイナミックな人事で押しまくる敵には勝てない。

そこで恋愛人事の重要性が生まれる。実績のある者、人間関係ができている者、声を掛ければ馳せ参じてくれる者、これらでチームを編成すれば、単なる頭数の総和以上のパワーが生まれる。山下奉文による恋愛人事、引き抜き人事、特に参謀長が希望通り武藤章になったからこそ、第一四方面軍はあそこまで粘り、米陸軍の主力をフィリピンに拘束し続け、本土決戦準備の時間を稼げたのだ。

そこで問題は、そういったチームをすぐさま編成できるような仕組みを平時から構築できないものかということだ。第一四方面軍参謀長にどうかと声を掛けられ、また学識豊かな人と定評のある飯村穣は、「戦時に軍司令官になる軍事参議官に、平時よりその参謀長と幕僚になる若干の将校を付けて、ひとつのチームを作っていたフランスのやり方がよかったのではないかと常に思っている」と回想している。総力戦研究所の所長も務めた学究的な人らしい反省だ。

明治三十六年十二月に制定された軍事参議院条例によると、そのメンバーは、元帥、陸軍大臣、海軍大臣、参謀総長、海軍軍令部長と「特ニ軍事参議官ニ親補セラレタル陸海軍将官」とされていた。元帥府に列せられた者には元帥副官が付けられたように、この役職のない軍事参議官にも少佐もしくは大尉の副官が付けられることになっていた。

この平時には特に職務が定められていない軍事参議官の戦時職務が方面軍や軍の司令官だ。これに平時から参謀長、高級参謀、作戦主任と司令部の中核になる予定の者を付けておくというのが飯村穣の構想だ。これが、参謀が参謀総長の系統に属していて指揮官とは独立しているドイツ式に対する、指揮官と参謀が一体化したチームにするフランス式ということだ。

通例、平時の職務が特に定められていない軍事参議官は一〇人内外だった。これに軍司令部の幕僚が勤まる者を数人ずつ付けるのは、かなり人員的に苦しい。それならば、陸大教官や各実施学校の研究員などを兼務させておけばよいはずだ。そうすれば、とかく時代に取り残されがちな軍事参議官も、若い人から最新軍事情勢なども吸収することもできる。そしてなにより、人間関係が育まれる。戦時に入れば、各教育機関を閉鎖するとか、教官に予備役の者をあてるとかすれば、ヒトの「和」と「輪」がある司令部がすぐさま編成できる。

なかなかの妙案のように思えるが、そこに二つの壁がある。まず、この軍事参議院というものは、陸海軍が統合された機関なことだ。海軍の習性として、陸軍の提案はなんであれまず反対する。本来は戦時編制の連合艦隊も、大正十二年以降は常設の形になっていたから、戦時に入って軍事参議官を艦隊の司令長官にあてる必要性はない。自分に必要ないとなれば、必ず反対する。海軍のもう一つの習性は、陸海軍なんでも平等だ。陸軍の軍事参議官にスタッフを付けるとなれば、では海軍もとなって人員増、予算増を求めてくる。そうなるとそこに議会、政治がからんで厄介な問題に発展しかねない。

また一つの壁は、チームとかスタッフという観念が定着していないことから生じる問題だ。元帥副官を務めた著名な人としては、山県有朋に仕えた渡辺錠太郎と古荘幹郎、上原勇作に仕えた今村均だ。この三人、元帥副官をやらされたばっかりに色眼鏡で見られて損をしている。戦時には参謀長など幕僚として一緒に出征する軍事参議官付ともなれば、元帥副官どころではない色が付いたと見られるだろう。軍事参議官といっても、誰もが人望があるとは限らないから問題は複雑になる。

軍事参議官と付という関係もドライには割り切れず、親分と子分というものから昇華し得るかという点にも大きな疑問が残る。この平時から軍司令部の骨幹を準備しておき、それを「生命のある機械」として作動させるには、さまざまな条件を満たしておかなければならない。これはマックス・ウェーバーの所論によるが、まずは地位や役割が職務によって系統付けられ、それによって非人格性や没個性を生じさせなければならない。そうなると、もはや制度の問題ではなく、個々人の意識の問題、さらには民族性の問題となり、長い時間をかけての教育や矯正が必要となってくる。こう考えると、その国の文化そのものの問題になってくるから、とても軍隊の中だけで解決できないとの結論になる。

認識されていなかった人事管理の原則

◆人事というものの概念

陸軍の最高ドクトリンともいうべき『統帥綱領』の中で、人事についての言及は、その第三「将帥」の項において、「高級指揮官は夙に部下の識能及び性格を鑑別して適材を適処に配し……」があるほかは見当たらない。これでよく「人事は統率の源」といっていたものだ。この反省からか、陸上自衛隊の『野外令』(昭和六十年版)では、人事という章を設け、その目的は「勢力を充実するとともに、個人を最も有効適切に活用して部隊の人的戦闘力を維持・増進し、作戦を支援するにある」と定めている。

人事、むしろ人事管理といった方がその実態をつかみやすいが、その目的は、労働力すなわちマンパワーを最大限、能率的に利用することだ。そしてその人事管理とは、採用に始まり、配置、昇進、教育、訓練、賃金、労働時間、安全、衛生、福利厚生に至るまでの総合的な施策だ。

陸軍の将校の採用は、皇族以外はすべて競争試験による。幼年学校、士官学校、少尉候補者、甲種幹部候補生、予備士官学校を受験し、課程を修了して少尉として採用となる。この競争試験によるという点においては、多くの職域と同様だ。軍隊には特殊な要素が多いため、採用になってからも研修期間が長くなるので学校を設けて、入校を義務付けているケースが多い。

将校の配置は各兵科（昭和十六年以降は隊種）別に、場合によっては出身地などを考慮して決められる。初級幹部は連隊内の異動、続いて師団内、さらに進めば全国規模の異動となって配置が決められる。これは全国規模の一般組織でも同じだ。

一般社会で昇進といえば、係長から課長、部長といった職務についてが主になる。軍隊でもそういう面もあるが、それ以上に重要なのは階級が進むこと、すなわち進級の方に重きを置く。少尉に始まり大将で上がりの軍人双六だ。日本においてこの進級は、士官学校や兵学校などの卒業の期、そして実役停年によって管理していた。これは天皇も例外ではない。昭和天皇は、大正元年九月に陸海軍の少尉に任官、実役停年を最短でこなして同十四年十月に大佐、そして即位して現役の大将、大元帥に就任している。

日本軍においては、この採用、配置、昇進までが人事の範疇で、それ以外は別の問題だとしていたように思われる。教育や訓練、それは平時の隊務の主軸であって、人事という問題ではない。賃金すなわち俸給の額は、階級に付いてくるものだから進級の問題だ。労働時間は二四時間、常在戦場の意識を持てということだ。安全や衛生は、個人の自覚の問題だ、としていた。福利厚生は要するに軍人恩給に帰結する問題で、それを現役中から意識しているような者は、軍人失格だ。そんな意識が全体を支配していたはずだ。

人事管理というものは、関係ないように思われる事柄までが相互に連関していることに考えが至っていなかったのだ。例えば配置や昇進、それと衛生や福利厚生との関係だ。個々人の健康を管理することは、人事に直結しているとは考えない。持病を抱えているのを知りながら、ただ陸大の成績が優秀だからと中枢部に配置する。そしてその人が病気で倒れ、後任者探しでバタバタして業務が滞り、さらには戦略や作戦の思想の一貫性が失われるという深刻な問題にまで発展する。

前掲の採用から福利厚生までの一〇個の要素が絡み合った有機体が人事だという認識が日本軍にはなかったため、人事管理を体系化できなかった。それは、その教育法を確立できないことを意味する。その結果、陸軍の最高学府の陸大でも、各実施学校でも人事に関する教育が行なえない。人事管理の専門家が育っていないのだから、各国軍のように師団にG1（一般幕僚第一部）、連隊にS1（第一係）といった幕僚を配置することができない。

人事の底辺を支える部署の広がりがなく、あっても副官あたりが片手間に処理するというおざなりだったのが実態だ。これでは戦時において、人的戦力の見積をどうやっていたのか不思議にもなる。そして中枢部に人事の専門家集団を自任する補任課、庶務課がポツンとあるという構図だ。その補任課の課員も、人事のプロだと自分で思い込んでいるだけで、その専門的な教育を受けているわけではない。こうなると前例踏襲でやるほかない。これでは、納得性に富み、客観性のある人事を期待する方がおかしい。

おそらくは、このような旧軍の反省から、陸上自衛隊においては、人事というものを幅広く捉えつつ、その概念を確立させている。すなわち人事とは、「指揮官固有の人事権を背景とし、指揮系統を通じて指揮官自らが行う機能を主体とするもので、勢力、補任、規律、士気、戦没者の取扱い、捕虜の取扱い、健康管理及び安全管理の総称」としている。また人事の要則として、先行性及び融通性、統合性及び一貫性、効率性を強調している（昭和六十年版『野外令』）。

陸上自衛隊において人事を扱う部署だが、中央の陸上幕僚監部には、人事計画、補任、募集・援護、厚生の四課、給与、予備自衛官、服務、職員人事管理の四室からなる人事部が置かれている。方面総監部には、人事、募集、厚生、援護業務の四課からなる人事部が置かれている。そして師団司令部には第一部、連隊本部には第一係が人事全般を扱っている。また、小平学校には人事教育部があり、職種（兵科）を超えた人事全般にわたる教育が行なわれている。（平成二十四年現在）

◆人事考科と昇進にまつわる問題

任務の遂行、職務能力の程度を判定するものが人事考科で、将来の配置、昇進、昇給などの処遇を決める材料に使われる。現役将校は終身雇用が原則で、また一定期間で進級するのが一般的だから、人事考科も長期的なものになる。前述したように陸軍の考科表は少尉任官以来、連続したもので雑然となりがちだから、数年単位で更新したらどうかという意見もあったが、その雇用形態からして、なかなか切り替えられずに敗戦に至った。

一般的に人事考科の判定要素は、業績、管理能力、職務知識、人的資質となる。ここで問題となるのが、この四項目のどれもが漠然としたものだから、とかくその人物や特性の判定に傾きやすいことだ。そうなればそこに考科する側の者の主観が入り、さらには好き嫌いといったものまで入り込んでしまう。これらの公正な判定は、一般社会でも難しいのだから、多くの面で特殊な軍隊では大変だ。

本来、軍人の業績というものは、戦場においてのみ目に見える形になるものだ。いくら冴えた作戦計画を立案したとしても、それによって勝利を収めて初めて業績となる。もちろん平時において予算の獲得は、業績としてよいだろう。しかし、それはごく普遍的なもので、軍人だからといって特に取り上げられるべきものではない。また、予算獲得をする部署に勤務する者は、ごく限られている。まとまった予算を獲得したから大きな業績と認め、それを昇進などに結び付けたならば、公平な人事にはならない。

管理能力といえば分かりやすそうだが、では軍隊におけるそれは具体的になにかと問われれば、誰もが返答に困るはずだ。それは統率なのか、統御なのか、はたまた統率と統御の配分の程度なのかと考え込んでしまう。そして野戦の場合と平時の兵営におけるものとには、大きな違いがある。軍人として優先すべきは、野戦における管理能力だろう。しかし、日本陸軍には日露戦争から支那事変までの三〇年間、それを判定する場がなかったのだ。

職務知識、識能だが、それは佐官よりも尉官、さらに下士官の方が詳しいという場合が多い。特に海軍では、この傾向が顕著だった。陸軍では刀剣の鑑定には詳しいものの、銃器となるとさっぱり知らない、各国の装備の動向など興味もないという人もかなりおり、それでも将官として通用したのだ。もちろん、同一階級の中での優劣による評価になるが、それでもまず兵科によっても評価基準が異なる。そしてまた、ジェネラリストとスペシャリストとの違いをどう加味して、識能を判定するのか、これまた難しい問題だ。

そこで軍隊においても、一般社会と同じように、人的資質を重視する弊にはまる。人物が大きいか小さいか、勇敢か臆病か、剛腹か軟弱かといった判定基準が曖昧なこと、曖昧であるが故にどうにでも作文できるもので評価しようとする。これでは、明朗で公正な人事は無理だ。そこで分担業務の遂行度と業績を重視するとなる。ところがこれまた、軍隊では分担業務が多岐にわたるので、客観性や納得性を得るのは難しい。とにかく軍隊での業績は、金銭など数字に換算できないところから問題が始まっているから厄介なのだ。

なにをもって昇進の基準にするか、一応は原則がいくつかある。それを大別すると、情実主義、年功主義、学歴主義、能力主義の四つになる。日本では終身雇用が一般的だったから、年功主義でないと対応しきれない。また、特に公務員は中国の科挙の制度を導入したものだから学歴主義でもある。この二つが主流で人事管理をしてきた。最近、成果主義というものも耳にするが、これは数字に現われた業績を重視するもので、能力主義のある部分なのだろう。

その社会の枠を大きく越えるような軍隊は存在しないといわれるが、日本の軍隊も一般社会と同様、年功主義と学歴主義で人事管理を行なっていた。徴兵による兵卒も例外ではない。入営した時は二等兵、一年後に一等兵、そして上等兵で帰郷するのが一般的だった。なんとも明瞭な年功主義だ。

ただ、どうしても一等兵に進めず、次の年に新兵が入ってきても依然として二等兵という者も出てくる。これを俗に「宝者」と呼ばれ、同年兵の一割ほどいるのが普通だった。同じ二等兵だから新兵と同列かと思えば、そこに兵営の掟、「メンコの数」(メンコは面桶(めんとう)のなまりで食器の意、転じて在営日数)が適用される。階級は同じでも年季が違うということで、「古兵殿」と呼ばれて内務班に君臨する。まさに究極の年功主義だ。それで万事収まるかと思えば、これが宿痾(しゅくあ)の私的制裁の温床となった。

昭和八年からの制度では、一般徴集兵の中から予備少尉への甲種、下士官への乙種の二つの幹部候補生コースがあった。どちらも新兵時の勤務評価と選抜試験によるもので、その点では能力主義ということになる。しかし、両コースとも中学校以上の学校や青年訓練所(青年学校)での軍事教練を受け、その検定試験に合格した者を優先していたから、能力主義に学歴主義をプラスしたものだった。

正規将校、士官への本道は、陸軍幼年学校、陸軍士官学校、海軍兵学校に入校することから始まる。どれも競争試験による選抜で、試験問題の出題のレベルは受験要綱に示されたが、学歴による受験資格はなかった。義務教育を了えていればよいわけだ。陸幼の場合は中学一年二学期修了程度、陸士と海兵の場合は中学四年修了程度の学力試験をすると定めているだけだった。どれも召募試験と称されており、合格して入校すれば兵籍に入れられるので、これは入学試験であると同時に、軍人になる就職試験でもあったのだ。正規な将校と士官は、その最初は学歴主義ではなく、まったくの能力主義で人事管理されていたことになる。

海軍では昭和五年以降、陸軍では八年以降、大尉までは同期同時進級だったから、年功主義の人事管理だったことになる。その間の人事考科によって、海兵、陸士の卒業時の序列に修正を加えて行く。そしてその序列によって、佐官への進級で同期の間にも階級の差が生まれる。特に陸軍の場合は、陸大に進んだか、進まなかったで大きな差を設けたので、ここで最初の能力主義に戻る形になると同時に、学歴主義の傾向が濃くなる。

能力主義と聞けば、その能力の判定をどうやるのかとの疑問はあるにせよ、いかにも公正で明瞭な人事管理だとの印象を受ける。しかし、耳触りが良いだけに、危険な落とし穴が待っている。能力主義による昇進の基準は、現実の職務遂行能力や結果としての業績だけでなく、将来に向けての伸展性、そして潜在的な可能性としての能力までを含めなければならないと強調されるのが一般的だ。すなわち、対象者のシーリング（能力の天井）までを見極めなければならず、それを怠ると、あたら人材を埋もれさせたり、それに代わって無能な者がのさばるという組織にとって致命的な事態となりかねない。

年功主義の思潮が色濃い社会で、このシーリングを見極めつつ能力主義で人事管理をすることは困難だ。例えば大佐を無難にこなして六年、連隊長も無事卒業、ならば半ば自動的に少将への切符を渡してもよいものかということだ。その人の天井は佐官まで、より高いシーリングが求められる将官には適さなかったというケースも多かったに違いない。とはいうものの、長年まじめに務めてきたのだから、名誉進級にせよ将官にしてやろうという温情も働くだろうし、それは日本的な統率、統御として認めるべきことだ。

少将に進級して、将官演習旅行で旅団長合格となったとしても、年功も加味して中将、師団長にしてよいものか。師団長となれば諸兵科連合部隊を指揮するのだから、それまでとはまた違った質の天井、より高いシーリングが求められる。誰もが勤まるとは思えない。参謀本部第一部長をしたからといって、では野戦の師団長がこなせるかといえば、そうではなかったケースも多いのだ。まして軍司令官ともなれば、補給全般を管理運営するという、それまでとは異質な能力が求められる。

昭和十九年三月からのインパール作戦が惨敗に終わった理由は、まさにそこにある。インパール作戦を指揮した第一五軍司令官の牟田口廉也は、シンガポール攻略の第一八師団長として業績を残した。しかし、彼はそこまでが天井の人で、複数の師団を動かし、それに対する補給を管理するというより高い天井を持った人ではなかったのだ。そのような人事の失敗はほかにも多くあるはずだ。

◆「適材適所」という熟語の魔力

人事を語るとなれば、「適材適所」といっていればまず間違いはない。『統帥綱領』でも適材適処と強調していたし、陸上自衛隊の『野外令』でも、「適材を適所に配置し、個人の能力を最大限に活用するとともに、適切な人間関係の確立を重視する」としている。
四文字熟語の魔力とでもいえようか、それを日常的に口にしていると、その意味すること
を理解していなくても、分かったように思えてくるものだ。さらには、間違っていると思っ
ていても抵抗できなくなる。そんな困ったことの典型が、昭和十三年から十四年にかけて、
航空重視の掛け声の下、大規模に行なわれた航空科への転科だった。ちなみに航空科の独立
は大正十四年五月のことで、航空科として少尉任官した最初は、昭和三年七月卒の陸士四〇
期からだった。
支那事変が始まってすぐ、陸軍航空は弱体だとの認識が広まった。華々しく渡洋爆撃を敢
行する海軍航空に大きく水をあけられたことは明らかで、航空重視と叫ばれたことは当然だ
った。陸軍航空が抱えてきた問題のひとつに人材不足があるとされた。そこで陸大の軍刀組
も含め、優秀な者を航空に差し出せとの大号令となった。特に狙われたのは、砲兵科の軍刀
組で、その中でも一言多くて扱いづらい人だったようだ。鈴木率道、下野一霍、河辺虎四郎、
遠藤三郎がこれに該当するだろう。
航空というものの本質が、超遠距離砲兵に類似するものだとすれば、この砲兵科の俊才を
航空科に割愛したことは、適材適所を形にする良き施策となるはずだ。しかし、航空とはそ
んな単純なものではなく、三次元の広がりを持ち、ハイテンポという特質がある。とにかく
飛行場がなければ話が始まらず、砲兵の常識は通じない。そして技術が多くを支配する世界

で、そこに観念論の達人を送り込んでも、無用な波風を立てるだけのことで、とても適材適所の施策とは思えない。

そしてまた、多くのエリートが一挙に送り込まれて、航空の分野の中枢を占めたとなると、それまで航空科でやってきた者が弾き出される結果になる。これを快く思う人はまずいない。技術も分からない事務屋があれこれ口を出すから、まとまるものもまとまらないといった反発も生まれる。そもそも陸大の軍刀組となると、世間の風当たりは強くなるものだ。こんなことでは航空科の和が失われ、適材適所とまったく逆行する結果しか生まれない。

人材の割愛に応じた側にも不満が残った。歩兵戦術の大家、鉄道や軍馬の専門家として知られた人が、ただ技術に明るいとか、ちょうど割愛に応じられる配置にあったというだけで航空科に回された。これでは人材を引き抜かれた側も困るし、本人も困惑するばかりだったはずだ。もちろん承詔必謹と受け入れ、航空科に適応し、その道で戦い抜いた人がほとんどだった。しかし、工兵科から航空科に転じて参謀本部第九課（鉄道課）の鉄道班長に上番した人もいるとなると、どこかおかしな話で、人材を不適切に扱ったとしか思えない。

この航空科転科問題で、まったく予想されていなかったことで批判の声が上がった。航空科がもう結構ということで転科も一段落して見渡すと、ある事実が判明した。陸軍省人事局と参謀本部総務部の系統にいる、いわゆる人事屋で航空科に転科した者が一人もいなかったのだ。これでは、「なんだ、自分たちだけは例外にして転科の人事異動を進めていたのか」となるのも無理はない。

このような声が上がると、さらにうがって見られる。前述したように補任課は歩兵科で固めていたように、人事屋は歩兵科主体の集団だ。彼らが進むエリート街道でライバルになるのは、主に砲兵科の軍刀組だから、これを傍流の航空科に追いやったと見れなくはない。もし、これが本当ならば、適材適所がどうだという話ではなくなり、人事の私物化という重大な問題に発展する。

◆戦うヒトの分類

本来あるべき適材適所という人事施策は、まずヒトという動物の観察から始められるべきだ。カール・フォン・クラウゼヴィッツは、その著『戦争論』第一篇において、ヒトの感情というものを観察して、これを分類した。すなわち、鈍感、多感だが平静、敏感だが持続性に欠ける、感情は強力で持続的、この四つに大別した。それぞれの特性の評価が興味深い。鈍感な者は努力というものに欠けるが、失敗の危険性が少ない。多感だが平静な者は、大きな事象に対応できない。敏感だが持続性に欠ける者は、いざとなると判断力を失いがちだ。最後の感情は強力かつ持続性を有する者は、大きな物体の運動に似ていて、これこそ戦争というものを動かす力があるとしている。この特性に応じて適材適所を図れというのが、クラウゼヴィッツの人事についての考え方だった。

第一次世界大戦の敗北後、ドイツ軍の再建を主導したハンス・フォン・ゼークトは、その著『一軍人の思想』において、軍人特に指揮官というものの本質は行為であるとし、それは思惟から生じた決意、遂行の準備もしくは命令、そして遂行そのものと三段階で発展するものとした。この三段階を通して決定的なものは意志だと論じた。意志というものは、それぞれのヒトの性格から生じるものだから、性格は精神よりも決定的な要因だと説く。そして、「意志なき精神は無価値であり、精神なき意志は危険である」との結論を導き出している。

先賢の言葉は、あまりにも含蓄に富んで哲学的になり、なかなか理解しにくいものだ。このドイツ哲学に根差す考え方について、分かりやすい話があるので紹介しておきたい。ドイツ軍の人事の原則がよほど印象に残ったのか、イギリス陸軍の元帥、バーナード・モントゴメリーはその回想録の中で次のように書き残している。

すなわち、将校とされる者は、賢い者、愚かな者、勤勉な者、怠惰な者とに分けられる。この性格を組み合わせる。まず、賢くて勤勉な者は高級参謀の適任者となることに説明は不要だろう。賢くて怠惰な者は、図太いから高級指揮官に適する。愚かで怠惰な者はそれなりに使えるとするのだが、これは死を恐れず、判断力を欠いているから命のままに動くということなのだろう。では、愚かで勤勉な者はどうかだが、これはある種の危険性の持ち主だから、速やかに排除しなければならないとする。賢さと愚かさが精神の活動によるもの、勤勉と怠惰が意志の問題だとすれば、ゼークトが説く「精神なき意志は危険である」に通じるところがある。

では、東洋において適材適所は、どう論じられていたのか。『武経七書』（孫子、呉子、司馬法、尉繚子（うつりょうし）、李衛公問対、六韜（りくとう）、黄石公三略）のうち『呉子』の図国篇ではこのように説かれている。

それによると、まずヒトの観察と判定を「民を料る」と表現している。それによって練鋭（精鋭）な軍人と評価できる者は、次の五つに分けられる。胆勇気力のある者、戦いを好み忠勇な者、体力と運動神経に優れた者、良家に生まれたものの境遇に恵まれない者、敗走を経験した者、この五つだ。これを集めて、それぞれひとつの戦闘集団とすれば、必勝の態勢が整うと説いている。

『黄石公三略』によると、戦争で使える者は「智」「勇」「貪」「愚」とする。智者は軍功を立てようとする。勇者は志を形にしようとする。貪者は利益を求めようとする。愚者は死をなんとも思わない。このそれぞれの至情（性格）を見極めて使う。これが「軍の微権」すなわちきめ細かく統率することだとしている。どれも、まずはヒトの性格の観察から始めることを強調している。

◆平時の人事と戦時の人事

大東亜戦争も押し詰まった昭和二十年五月、陸軍は下村定、吉本貞一、木村兵太郎を、海軍は井上成美、塚原二四三を大将に昇進させた。本土決戦に備えて大臣や総長などの要員を確保しておくための人事だったのだろうが、そうだとすれば人選に疑問が残る。特に緒戦のウェーク島攻略からミソを付け続けた第四艦隊司令長官だった井上がなぜ大将なのか。海兵三七期から大将を出すとなれば、歴戦の小沢治三郎に落ち着くはずだ。しかし、小沢のハンモックナンバーは四五番、対して井上は二番、だから大将は井上となる。あの超非常時にもかかわらず、平時の感覚で漫然と人事をやっていたとのそしりは免れない。陸軍とても大同小異で、陸士二〇期、陸大二八期の上位三人を大将にしただけのことだ。

さまざまな批判はあるにせよ、平時の軍隊においては、その人事は年功主義や学歴主義に傾くのも無理はない。平時における業務の主軸は教育、訓練だから、その成果は目に見える形にしにくく、数字に示しにくいものになりがちだ。もちろん射撃など個人にかかわる検定、演習などの検閲があって競争させて優劣を定めることはあるが、それらの本来の狙いは、個人や部隊の平準化にある。点数を付けることは付け足しなのだ。従って徹底的に能力主義でやろうとしても、その判定材料がないのが実情だ。

そこで陸士、海兵の卒業期で人事管理をする年功主義となる。まずそこでの成績で序列を付け、それから陸大、海大に進んだか、またそこでの成績によって序列を付けるから、学歴主義が加わってくる。特に陸軍においては陸大偏重が問題視された。しかし、陸大を重視しないと、誰も勉強しないという結果になりかねない。そしてまた、砂をかむような受験勉強に耐えられるような勤勉さも、軍人に求められるひとつの資質であることも間違いではない。このような事情から、平時の軍隊では年功主義、学歴主義の人事管理になることは仕方がないことだ。

ところが戦時に突入すると、これが一変する。公平かつ冷厳な判定を下す教官、検閲官が登場するからだ。すなわち戦場であいまみえる「敵」だ。この敵に「参った」といわせれば優等生だ。「まあ、やるね」で合格だ。敗北を喫したならば不合格、敵によって退場を宣告されたということになる。ここで重要なことは、この多くが数字や形勢と目に見える形で提示されることだ。我が損害と敵に与えた損害の対比、戦線を維持したか、できなかったか、目的を達成したか、しなかったか、どれも明瞭だ。

このような客観的な判定に使える材料が与えられるのだから、本当の意味での能力主義、成果主義による明快な人事が可能になるはずだ。敵に笑われたり、甘く見られるような落第生を、ただハンモックナンバーがどうだとか、天保銭で軍刀組だとかいって、中枢部で使い続けることは、人事管理をしていないのと同然だ。もちろん長年かけて育成した人材なのだから、失敗してもリカバリーの機会を与えることも必要だ。しかし、その失敗も二度、三度となっても、その人を使い続けることは犯罪行為だ。なぜならば、戦場で失敗すれば、多くの人命が失われるからだ。

戦時になって真の能力主義に転じたならば、平時の「階級に職務が付いてくる」という考え方から、「職務に階級が付いてくる」に変えなければならない。せっかく敵が下してくれた判定をすぐに活用できないからだ。日本軍はこの切り替えができなかった。

敗北に終わったとしても、大東亜戦争で抜群な戦功を上げた大隊長、連隊長はいくらでもいた。この大隊長を早く中佐、大佐にして連隊長で活躍させたいと思っても、人事当局の判定は「無天でこの序列ではちょっと……」、まず連隊長は無理」となる。この大佐を混成旅団長、師団の歩兵団長に使ってみたいとなっても、「えー、大佐は一応六年やってもらうことになっておりますので、少将進級まであと三年ですから……」といっているうちに戦争が終わってしまう。

◆見習うべき勝者の人事

利益社会の国の機能的な軍隊はこうではない。もちろん各国軍とも、平時は日本軍と同じ年功序列による人事管理だ。例えばアルバート・ウェデマイヤーだが、彼はウエストポイント一九一九年組、大尉に進級するまで一七年かかった。一九三九年九月に第二次世界大戦が勃発した時点で、彼はまだ大尉だった。ところが四一年春に陸軍参謀本部戦争計画部主任に上番するや少佐、同年末に中佐と大将街道に乗り、大戦終結時は中将、五三年に大将となった。

とてつもないスピード進級となれば、ドワイト・アイゼンハワーとなる。彼はウエストポイント一九一五年組、大戦勃発時は中佐だった。米陸軍の大拡張が始まり、一九四〇年末に彼は第三歩兵師団参謀長に上番して大佐、第九軍団参謀長、第三軍参謀長に上番して准将、陸軍参謀本部作戦部長で少将、在欧米軍司令官で中将、そして四三年三月に大将、そして大陸進攻、四四年十二月に元帥だ。職務に階級が付いてくる典型な例だ。

チェスター・ニミッツの場合も職務に階級が付いてきた。真珠湾の敗北後、誰を太平洋艦隊司令長官に持ってくるかが問題となった。候補はいくらもいたが、フランクリン・ルーズベルト大統領は人事局長のニミッツ少将を選んだ。司令長官ともなれば、少将や中将を指揮しなければならないから、中将を飛ばして即大将ということになった。ミッドウェー海戦の敗北直後、山本五十六連合艦隊司令長官を更迭し、後任は人事局長の中原義正という人事が考えられるだろうか。機動艦隊司令長官の南雲忠一すら更迭できなかったのが日本軍の体質だったのだ。

高級指揮官の人事は大切なことだが、長期にわたる総力戦となれば、さらに重要なことがある。消耗の激しい現代戦において、いかにして人的戦力を維持し、かつそれを戦いつつ増強していくかだ。戦争がいつ終わるか誰も分からないのだから、戦争の終始を通じてこの努力を払わなければならない。その成否はまさに人事施策にかかっている。これについての徹底した対策が日本にも、ドイツにもなく、それが結局、敗北につながった。良く訓練された者を使い続け、それが失われたらおしまい、あとに続く者がいなかったのだ。

この問題は、パイロットの養成、補充で顕著だった。日本やドイツには、一〇〇機撃墜のエースがたくさんいた。ところがアメリカで一〇〇機以上撃墜したエースは寡聞にして知らない。チームワークを大切にするから、個人記録をあまり語らないのかと思えばそうでもない。アメリカでは、十数機も撃墜してその能力を証明したならば、すぐに本土に呼び戻し、後進の育成にあたらせていたのだ。このようにして一人が一〇人を育て、その一〇人が一〇〇人を育てるという大量循環システムを確立させていたのだ。これと航空機年産八万機という巨大な生産力と合体したところに、アメリカの勝利があったのだ。

これはパイロットに限らず、米軍では下級将校の大量育成にもこの手法を用いていた。それが前述したＢＯＣ、ＡＯＣといった集合課程教育だ。動員戦略をとり、このような手法が強く求められていたはずの旧陸軍ではなかなか着手されず、動員によらず現役戦力だけで戦うとしている陸上自衛隊がこの教育体系をとっているというのも興味深いことだ。

写真提供／篠原昌人・著者・雑誌「丸」編集部

おわりに

戦争は社会現象なのだから、いくら科学技術が発達しても、その主体はあくまでヒトであるはずだ。従ってヒトを観察して研究しなければ、戦争の全体像をつかむことはできない。そのヒト個々人をまとめ上げ、戦争に対応し得る集団にすること、すなわち組織化する、それが人事だ。このように捉えると、「人事は統率なり」ということがすんなり理解できる。

そのような視点から、昭和二十年に壮大な破局を迎えるまでの日本軍を見ると、疑問が山積する。なぜ、あの重要な局面で、あの人が主導的な立場にいたのかと、いぶかしく思うことが多々あるのではなかろうか。失策ばかり重ねる問題児を使い続けるとは、どういうことなのかと頭をひねることも多いだろう。どのような事情があって、このような人事になったのかとの明確な説明は、ほとんどないように思う。

人事制度そのものについては、詳しく記述したものも多い。例えば熊谷光久著『日本軍の人的制度と問題点の研究』（国書刊行会、一九九四年）、読み物としては同著『日本の軍隊ものしり物語』（光人社、一九八九年）などが上げられよう。これらで人事の制度は理解しても、それがどのように運用されていたのかとなると、皆目見当が付かないのが正直なところだ。

具体的に人事施策がどのように行なわれていたのかを紹介した数少ない一巻に、額田坦著『陸軍省人事局長の回想』（芙蓉書房、一九七七年）がある。補任課長、人事局長、参謀本部総務部長と人事一筋の人の回想だけあって、陸軍における人事の実態をうかがい知れる好著といえるだろう。海軍の人事については、吉田俊彦著『海軍参謀』（文芸春秋、一九九二年）に示唆に富む記述がある。

古くは高宮太平著『軍国太平記』（酣燈社、一九五一年）があり、ジャーナリストから見た昭和初期の陸軍人事の動向を知る上で欠かせないものとなっている。また、西浦進著『昭和戦争史の証言』（原書房、一九八〇年）、赤松貞雄著『東條秘書官機密日誌』（文芸春秋、一九八五年）にも、現場にいた者ならではの人事に関する記述がある。

これらを通読しても、陸軍の人事を巡る謎の多くを解くことができず、もどかしい思いにさせられる。例えば、満州事変が突発した時、なぜ石原莞爾が関東軍の作戦参謀でいたのかさえ、これまで明確に説明されてこなかった。また、行く先々で波風を立て、とても組織のヒトとは思えない辻政信が、どうして要職を渡り歩けたのか、そんな疑問も解明されなかったように思う。

それらを知ろうと、数多く出版されている軍人の自伝、評伝から人事に関する断片を拾い集めようとしたが、成果は思わしくなかった。考えてみればそれも当然で、それら自伝、評伝は功なり名を遂げた将軍たちのもので、人事戦線の勝者なのだから、人事について語る必要もないのだろう。

どうにも人事は、探りようがないもののようだが、どの社会においても「労働力の最高能率的利用」を図るために重要なものだ。より、興味を持たれるべきテーマだと考える。この拙著で、人事の無策が日本の敗因のひとつだったことを読み取っていただければ、幸甚この上ない。

最後になったが、いつもながら快く出版までしていただいた潮書房光人社のご一同様に感謝の言葉を申し述べたい。

二〇一三年八月

藤井非三四

NF文庫書き下ろし作品

NF文庫

陸軍人事 新装版

二〇一九年九月二十日 第一刷発行

著 者 藤井非三四
発行者 皆川豪志
発行所 株式会社 潮書房光人新社
〒100-8077 東京都千代田区大手町一-七-二
電話/〇三-六二八一-九八九一(代)
印刷・製本 凸版印刷株式会社
定価はカバーに表示してあります
乱丁・落丁のものはお取りかえ
致します。本文は中性紙を使用

ISBN978-4-7698-3136-5 C0195
http://www.kojinsha.co.jp

NF文庫

刊行のことば

第二次世界大戦の戦火が熄んで五〇年——その間、小社は夥しい数の戦争の記録を渉猟し、発掘し、常に公正なる立場を貫いて書誌とし、大方の絶讃を博して今日に及ぶが、その源は、散華された世代への熱き思い入れであり、同時に、その記録を誌して平和の礎とし、後世に伝えんとするにある。

小社の出版物は、戦記、伝記、文学、エッセイ、写真集、その他、すでに一、〇〇〇点を越え、加えて戦後五〇年になんなんとするを契機として、「光人社NF（ノンフィクション）文庫」を創刊して、読者諸賢の熱烈要望におこたえする次第である。人生のバイブルとして、心弱きときの活性の糧として、散華の世代からの感動の肉声に、あなたもぜひ、耳を傾けて下さい。